Purushottam Bhawre

Irregularidades ionosféricas: Esporádicas - E e Espalhadas -F

Purushottam Bhawre

Irregularidades ionosféricas: Esporádicas - E e Espalhadas -F

ScienciaScripts

Imprint

Cover image: www.ingimage.com

This book is a translation from the original published under ISBN 978-3-659-82223-0.

Publisher:
Sciencia Scripts
is a trademark of
Dodo Books Indian Ocean Ltd. and OmniScriptum S.R.L publishing group

120 High Road, East Finchley, London, N2 9ED, United Kingdom
Str. Armeneasca 28/1, office 1, Chisinau MD-2012, Republic of Moldova, Europe
Managing Directors: Ieva Konstantinova, Victoria Ursu
info@omniscriptum.com

Printed at: see last page
ISBN: 978-620-8-39665-7

DEDICADO A

Dr. A. P. J. Abdul Kalam

PREFÁCIO

A Terra faz parte do sistema solar e tem algumas caraterísticas especiais, que a tornam bela e com condições propícias à sobrevivência dos seres humanos. É sabido que a principal fonte de energia da Terra é o Sol. Assim, quaisquer alterações no Sol afectam o ambiente da Terra, também designado por clima espacial. Gases e partículas de poeira, cuja combinação forma o invólucro gasoso da Terra. Quaisquer alterações na atmosfera terrestre podem afetar a Terra e, por sua vez, a vida humana. Assim, podem ocorrer muitos fenómenos espontâneos na Terra que, por sua vez, afectam diretamente a vida humana (atividade sísmica, variação do campo magnético da Terra, aumento da temperatura devido ao efeito de estufa, para citar alguns).

A parte superior da atmosfera terrestre é conhecida como ionosfera. A ionosfera é constituída por partículas ionizantes, que são geradas pelo processo de foto-ionização solar. Basicamente, a ionização é produzida na atmosfera terrestre por um largo espetro de raios X solares e radiação ultravioleta extrema (EUV). A distribuição dos iões na ionosfera não é uniforme, pelo que, de acordo com a distribuição dos iões, é dividida em subcamadas, conhecidas como D, E, F1 e F2. Estas subcamadas são formadas a diferentes alturas, pelo que a frequência máxima utilizável, a frequência crítica e a linha de visão dependem da altura de uma determinada subcamada. Em termos gerais, pode assumir-se que estas camadas são estáticas durante longos períodos, mas na realidade não é assim, porque as alturas destas camadas não são constantes e a densidade de iões também é variável devido aos efeitos dominantes do sol. A densidade de electrões depende totalmente da taxa de produção e de perda. A taxa de perda de um determinado local pode estar dependente de vários processos dinâmicos. Com o desenvolvimento da ciência, é possível ao ser humano comunicar de um local para outro sem utilizar qualquer ligação física. Isto é possível de duas formas, com e sem a ajuda de um satélite (com a ajuda da propagação de ondas no céu). A propagação das ondas do céu é geralmente o modo preferido para as ligações de comunicação HF e só é possível com a ajuda da camada ionosférica. A ionosfera fornece capacidades de longo alcance para os sistemas comerciais de comunicação e vigilância navio-terra. Os fenómenos solares, amplamente designados por efeitos meteorológicos espaciais, como as erupções solares ou as ejecções de massa coronal, podem conduzir a cortes de comunicações a nível mundial na gama HF, bem como no sistema de comunicações trans-ionosféricas.

O comportamento da ionosfera também se altera com a latitude, pelo que é dividida em três regiões: alta (polar), média e baixa latitude. A região de baixa latitude também consiste na região equatorial, que tem uma caraterística muito dinâmica e também controla a ionosfera de baixa latitude. A ionosfera equatorial tem algumas caraterísticas únicas, como a anomalia de ionização equatorial (EIA), a fonte de plasma equatorial, o electrojacto equatorial, etc. As linhas do campo magnético são aproximadamente paralelas na região equatorial e mutuamente perpendiculares ao campo elétrico equatorial diurno a leste, o que dá origem a uma deriva ascendente do plasma na região equatorial, conhecida como efeito de fonte. À medida que o plasma é elevado a maiores alturas, difunde-se para baixo ao longo das linhas

do campo geomagnético altamente condutor, sob a influência da gravidade e dos gradientes de pressão. Isto dá origem à formação de duas cristas de cada lado do equador e a posição das cristas depende muito dos índices de atividade solar, como F10.7 e Ap, bem como de outros parâmetros, como os ventos neutros, o vento meridonal, etc.
O objetivo deste livro é estudar a variação a curto e longo prazo na região da crista da anomalia. A compreensão quantitativa da ionosfera de baixa latitude é ainda incompleta. Por conseguinte, é necessário explorar mais. No presente trabalho, o comportamento das caraterísticas da propagação F, esporádica E, variações sobre a região da crista da anomalia usando algumas experiências espaciais e terrestres. Neste trabalho, estamos a considerar o ciclo solar 23. Este livro descreve a camada F ionosférica e sua caraterização sobre a região da crista da anomalia, a camada F consiste de uma camada à noite, mas na presença de luz solar (durante o dia), e se divide em duas camadas, rotuladas F1 e F2. Estas camadas F são responsáveis pela maior parte da propagação das ondas de rádio no céu, facilitando as comunicações de rádio de alta frequência (HF, ou ondas curtas) a longas distâncias. São mais espessas e mais eficazes na refração dos sinais de rádio no lado da Terra virado para o Sol. Este estudo está dividido em duas partes. A primeira parte examina as caraterísticas do Spread F e a segunda parte deste estudo está relacionada com a variação esporádica de E sobre a região da crista da anomalia descrita. A probabilidade de ocorrência desta camada é mais elevada no solstício de verão, moderada durante o equinócio e baixa durante o solstício de inverno. Os picos de ocorrência notáveis aparecem no verão e no inverno. A ocorrência da camada mostrou uma variação de pico duplo com grupos de camadas distintos, de manhã (00 - 03 UT) e o outro durante a noite (11 - 14 UT). A descida da camada de manhã foi associada com o aumento da densidade da camada indicando o fortalecimento da camada, enquanto que diminuiu durante a descida da camada da noite. O resultado indica a presença de maré semi-diurna sobre o local, enquanto as velocidades de descida mais elevadas podem ser devidas à modulação da ionização por ondas de gravidade juntamente com as marés. As irregularidades associadas à instabilidade gradiente-deriva desaparecem durante o contra-electrojacto e o fluxo de corrente é invertido para oeste.
Estudámos que a percentagem de ocorrência de esporádicos - E e disseminados - F é mais elevada no verão, moderada durante o equinócio e baixa durante o inverno. Os picos de ocorrência notáveis aparecem de maio a junho no verão. A ocorrência máxima de propagação-F surge no período pré-noturno, entre as 17 e as 22 horas da noite. O tipo de frequência da propagação-F nos ionogramas equatoriais foi explicado como sendo devido à condução por irregularidades de ionização alinhadas com o campo espesso. A variabilidade durante as horas nocturnas é também contribuída pela variabilidade dos ventos neutros e da temperatura da termosfera.

Dr. Purushottam Bhawre

AGRADECIMENTOS

Uma declaração formal de agradecimento dificilmente satisfará o fim da justiça. Ao escrever estas palavras, sinto-me grato a todos os que deram a sua inconcebível colaboração para a realização de tudo o que consegui.

Tenho uma dívida muito especial de gratidão para com o meu supervisor**, Dr. P.K. Purohit**, professor associado do National Institute of Technical Teachers' Training & Research (NITTTR), Bhopal, pela sua pronta resposta, sugestões e encorajamento.

A. K. Gwal, Diretor do Departamento de Eletrónica e Reitor da Faculdade de Ciências da Universidade de Barkatullah, Bhopal, por me ter proporcionado esta oportunidade de ouro para realizar o meu trabalho de investigação sob a sua orientação.

Estou extremamente grato ao Diretor do Departamento de Física da Universidade de Barkatullah, em Bhopal, por ter proporcionado todas as facilidades necessárias e por ter sido encorajado durante o meu trabalho.

Gostaria de expressar os meus cumprimentos e o meu profundo sentimento de gratidão ao **Diretor** e **Chefe da Divisão de Ciências Radioeléctricas e Atmosféricas do Laboratório Nacional de Física (NPL), Nova Deli**, e ao **Diretor do Centro Espacial Vikram Sarabhai, Trivandrum**, pela instalação da ionossonda digital em Bhopal e pela autorização para realizar o trabalho de projeto no Laboratório Nacional de Física, bem como pela oportunidade de participar na XXVII Expedição Científica Indiana à Antárctida. Gostaria de expressar a minha gratidão ao Centro Nacional de Investigação Antárctica e Oceânica (NCAOR), Goa, pelo apoio prestado à expedição à Antárctida.

Estou muito grato ao **Conselho de Investigação Científica e Industrial (CSIR)**, Índia, por me ter concedido uma bolsa de investigação sénior durante o meu trabalho de doutoramento. Agradeço também ao Chefe da Divisão EMR-I, ao S.O. da Divisão EMR-I e a todos os membros do pessoal da Divisão EMR-I, ao grupo HRDG do CSIR, Índia, pelo seu apoio e cooperação.

Os meus sinceros agradecimentos aos meus pais, ao professor Yogesh Lohana e aos meus amigos Praveen Dubey e Menka Dubey por me terem motivado e encorajado a concluir o meu trabalho.

Um agradecimento especial ao **Dr. Arun Chaturvedi** (Diretor, GSI, Lakhnow) por me ter motivado e encorajado atempadamente a concluir este trabalho.

Expresso os meus agradecimentos especiais ao NOAA Space Environment Centre e ao NICT, Japão, pelo fornecimento dos dados utilizados neste estudo. Agradeço também ao OMNI Web Data Server pelo fornecimento dos dados.

Por último, gostaria de dedicar este livro ao Dr. A. P. J. Abdul Kalam, um grande cientista da Índia. No final, posso apenas dizer que nem todos são mencionados, mas nenhum é esquecido.

Purushottam Bhawre

ÍNDICE DE CONTEÚDOS

1. Atmosfera da Terra

1.1. Introdução

A Terra faz parte do sistema solar e tem algumas caraterísticas especiais, que a tornam bela e com condições propícias à sobrevivência dos seres humanos. É sabido que a principal fonte de energia da Terra é o Sol. Assim, quaisquer alterações no Sol afectam o ambiente da Terra, também designado por clima espacial. Gases e partículas de poeira, cuja combinação forma o invólucro gasoso da Terra. Quaisquer alterações na atmosfera terrestre podem afetar a Terra e, por sua vez, a vida humana. Assim, podem ocorrer muitos fenómenos espontâneos na Terra que, por sua vez, afectam diretamente a vida humana (atividade sísmica, variação do campo magnético da Terra, aumento da temperatura devido ao efeito de estufa, para citar alguns).

A parte superior da atmosfera terrestre é conhecida como ionosfera. A ionosfera é constituída por partículas ionizantes, que são geradas pelo processo de fotoionização solar. Basicamente, a ionização é produzida na atmosfera terrestre por um largo espetro de raios X solares e radiação ultravioleta extrema (EUV). A distribuição dos iões na ionosfera não é uniforme, pelo que, de acordo com a distribuição dos iões, é dividida em subcamadas, conhecidas como D, E, F1 e F2. Estas subcamadas são formadas a diferentes alturas, pelo que a frequência máxima utilizável, a frequência crítica e a linha de visão dependem da altura de uma determinada subcamada. Em termos gerais, pode assumir-se que estas camadas são estáticas durante longos períodos, mas na realidade não é assim, porque as alturas destas camadas não são constantes e a densidade de iões é também variável devido aos efeitos dominantes do sol. A densidade de electrões depende totalmente da taxa de produção e de perda. A taxa de perda de um determinado local pode estar dependente de vários processos dinâmicos. Com o desenvolvimento da ciência, é possível ao ser humano comunicar de um local para outro sem utilizar qualquer ligação física. Isto é possível de duas formas, com e sem a ajuda de um satélite (com a ajuda da propagação de ondas no céu). A propagação das ondas do céu é geralmente o modo preferido para as ligações de comunicação HF e só é possível com a ajuda da camada ionosférica. A ionosfera fornece capacidades de longo alcance para os sistemas comerciais de comunicação e vigilância navio-terra. Os fenómenos solares, amplamente designados por efeitos meteorológicos espaciais, como as erupções solares ou as ejecções de massa coronal, podem conduzir a cortes de comunicações a nível mundial na gama HF, bem como no sistema de comunicações trans-ionosféricas.

O comportamento da ionosfera também se altera com a latitude, pelo que é dividida em três regiões: latitudes altas (polares), médias e baixas. A região de baixa latitude também consiste na região equatorial, que tem uma caraterística muito dinâmica e também controla a ionosfera de baixa latitude. A ionosfera equatorial tem algumas caraterísticas únicas, como a anomalia de ionização equatorial (EIA), a fonte de plasma equatorial, o electrojacto equatorial, etc. As linhas do campo magnético são aproximadamente paralelas na região equatorial e mutuamente perpendiculares ao campo elétrico equatorial diurno a leste, o que dá origem a uma deriva ascendente do plasma na região equatorial, conhecida como efeito de fonte. À medida que o plasma é elevado a maiores alturas, difunde-se para baixo ao longo das linhas de campo geomagnético altamente condutor, sob a influência da gravidade e dos gradientes de pressão. Isto dá origem à formação de duas cristas de cada lado do equador e a posição das cristas depende muito dos índices de atividade solar, como F10.7 e Ap, bem como de outros parâmetros, como os ventos neutros, o vento meridonal, etc.

Os impactos da meteorologia espacial são muito pronunciados no parâmetro ionosférico equatorial e de baixa latitude, o que afecta as comunicações HF e as comunicações trance-ionosféricas.

1.2. Atmosfera da Terra

A **atmosfera da Terra** é uma camada de gases que envolve o planeta Terra e que é retida pela gravidade da Terra. A atmosfera protege a vida na Terra absorvendo a radiação solar ultravioleta, aquecendo a superfície através da retenção de calor (efeito de estufa) e reduzindo os extremos de temperatura entre o dia e a noite (Figuras 1 e 2).

A estratificação atmosférica descreve a estrutura da atmosfera, dividindo-a em camadas distintas, cada uma com caraterísticas específicas, como a temperatura ou a composição. A atmosfera tem uma massa de cerca de 5×10^{18} kg, três quartos da qual se encontra a cerca de 11 km (6,8 mi; 36.000 pés) da superfície. A atmosfera torna-se cada vez mais fina com o aumento da altitude, não existindo uma fronteira definida entre a atmosfera e o espaço exterior. A uma altitude de 120 km é onde os efeitos atmosféricos se tornam visíveis durante a reentrada atmosférica de naves espaciais. A linha de Karman, a 100 km, também é frequentemente considerada como a fronteira entre a atmosfera e o espaço exterior.

Ar é o nome dado à atmosfera utilizada na respiração e na fotossíntese. O ar seco contém aproximadamente (em volume) 78,09% de azoto, 20,95% de oxigénio, 0,93% de árgon, 0,039% de dióxido de carbono e pequenas quantidades de outros gases. O ar também contém uma quantidade variável de vapor de água, em média cerca de 1%. Embora o teor de ar e a pressão atmosférica variem nas diferentes camadas, atualmente só se sabe que o ar adequado à sobrevivência das plantas e dos animais terrestres se encontra na troposfera e nas atmosferas artificiais da Terra. A temperatura média da atmosfera à superfície da Terra é de 14 °C (57 °F; 287 K) ou 15 °C (59 °F; 288 K), consoante a referência.

1.3. Composição da Atmosfera

O ar é composto principalmente por azoto, oxigénio e árgon, que no seu conjunto constituem os principais gases da atmosfera. Os restantes gases são frequentemente designados por gases vestigiais, entre os quais se encontram os gases com efeito de estufa, como o vapor de água, o dióxido de carbono, o metano, o óxido nitroso e o ozono. O ar filtrado inclui quantidades vestigiais de muitos outros compostos químicos. Muitas substâncias naturais podem estar presentes em pequenas quantidades numa amostra de ar não filtrado, incluindo poeiras, pólen e esporos, salpicos do mar e cinzas vulcânicas. Vários poluentes industriais também podem estar presentes, como o cloro (elementar ou em compostos), compostos de flúor, mercúrio elementar e compostos de enxofre, como o dióxido de enxofre [SO_2].

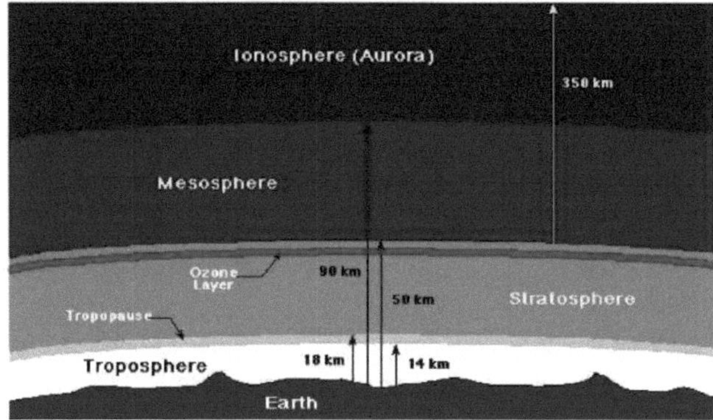

FIGURA 1: Atmosfera terrestre

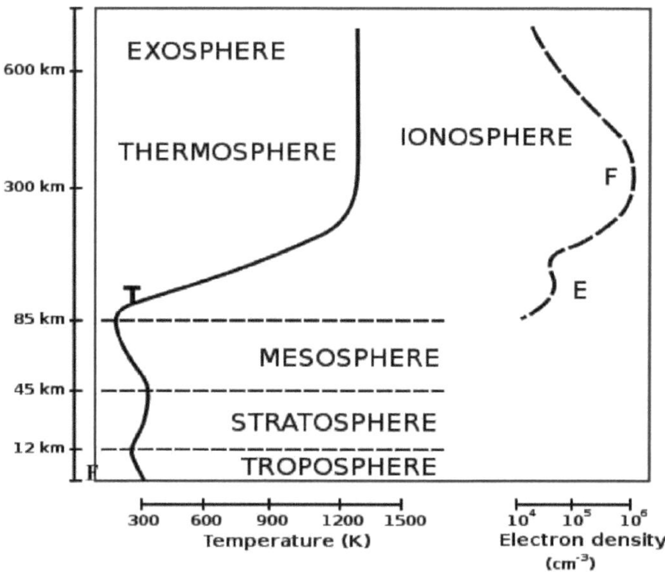

FIGURA 2: Perfil de temperatura e densidade de electrões

1.4 Camadas da Atmosfera

A atmosfera da Terra pode ser dividida em cinco camadas principais. Estas camadas são determinadas principalmente pelo facto de a temperatura aumentar ou diminuir com a altitude. Do mais alto para o mais baixo, estas camadas são:

Exosfera

A camada mais externa da atmosfera da Terra estende-se da exobase para cima. É composta principalmente por hidrogénio e hélio. As partículas estão tão distantes umas das outras que podem viajar centenas de quilómetros sem colidirem umas com as outras. Como as partículas raramente colidem, a atmosfera já não se comporta como um fluido. Estas partículas em movimento livre seguem trajectórias balísticas e podem migrar para dentro e para fora da magnetosfera ou do vento solar.

Termosfera

A temperatura aumenta com a altura na termosfera, desde a mesopausa até à termopausa, e depois é constante com a altura. A temperatura desta camada pode atingir os 1.500 °C (2.730 °F), embora as moléculas de gás estejam tão distantes umas das outras que a temperatura no sentido habitual não é bem definida. A Estação Espacial Internacional orbita nesta camada, entre 320 e 380 km. O topo da termosfera é a parte inferior da exosfera, chamada exobase. A sua altura varia com a atividade solar e oscila entre cerca de 350-800 km (220-500 milhas; 1.100.000-2.600.000 pés).

Mesosfera

A mesosfera estende-se desde a estratopausa até 80-85 km (50-53 mi; 260,000-280,000 pés). É a camada onde a maioria dos meteoros se queima ao entrar na atmosfera. A temperatura diminui com a altura na mesosfera. A mesopausa, a temperatura mínima que marca o topo da mesosfera, é o local mais frio da Terra e tem uma temperatura média de cerca de -85 °C (-121 °F; 188,1 K). Devido à temperatura fria da mesosfera, o vapor de água é congelado, formando nuvens de gelo (ou nuvens Noctilucentes). Um tipo de relâmpago referido como sprites ou ELVES, forma-se a muitos quilómetros acima das nuvens de trovoada na troposfera.

Estratosfera

A estratosfera estende-se desde a tropopausa até cerca de 51 km (32 milhas; 170.000 pés). A temperatura aumenta com a altura, o que restringe a turbulência e a mistura. A estratopausa, que é a fronteira entre a estratosfera e a mesosfera, situa-se normalmente entre 50 e 55 km (31 e 34 milhas; 160.000 e 180.000 pés). A pressão aqui é de 1/1000 do nível do mar.

Troposfera

A troposfera começa à superfície e estende-se entre 7 km (23.000 pés) nos pólos e 17 km (56.000 pés) no equador, com alguma variação devido ao clima. A troposfera é maioritariamente aquecida pela transferência de energia da superfície, pelo que, em média, a parte mais baixa da troposfera é a mais quente e a temperatura diminui com a altitude. Este facto promove a mistura vertical (daí a origem do seu nome na palavra grega "xponq", *trope,* que significa virar ou revirar). A troposfera contém cerca de 80% da massa da atmosfera. A tropopausa é a fronteira entre a troposfera e a estratosfera.

OUTRAS CAMADAS

Dentro das cinco camadas principais determinadas pela temperatura existem várias camadas determinadas por outras propriedades.

A camada de **ozono** está contida na estratosfera. Nesta camada, as concentrações de ozono são de cerca de 2 a 8 partes por milhão, o que é muito mais elevado do que na baixa atmosfera, mas ainda muito pequeno em comparação com os principais componentes da atmosfera. Localiza-se principalmente na parte inferior da estratosfera, a cerca de 15-35 km, embora a espessura varie sazonal e geograficamente. Cerca de 90% do ozono da nossa atmosfera está contido na estratosfera.

A homosfera e **a heterosfera** são definidas pelo facto de os gases atmosféricos estarem bem misturados. Na homosfera, a composição química da atmosfera não depende do peso molecular porque os gases são misturados por turbulência. A homosfera inclui a troposfera, a estratosfera e a mesosfera. Acima da *turbopausa*, a cerca de 100 km (correspondendo essencialmente à mesopausa), a composição varia com a altitude. Isto deve-se ao facto de a distância a que as partículas se podem deslocar sem colidirem umas com as outras ser grande em comparação com a dimensão dos movimentos que causam a mistura. Isto permite que os gases se estratifiquem por peso molecular, estando os mais pesados, como o oxigénio e o azoto, presentes apenas perto do fundo da heterosfera. A parte superior da heterosfera é composta quase totalmente por hidrogénio, o elemento mais leve.

A camada **limite planetária** é a parte da troposfera que se encontra mais próxima da superfície da Terra e é diretamente afetada por esta, principalmente através da difusão turbulenta. Durante o dia, a camada limite planetária é geralmente bem misturada, enquanto à noite se torna estavelmente estratificada com mistura fraca ou intermitente. A profundidade da camada limite planetária varia de apenas 100 m em noites claras e calmas até 3000 m ou mais durante a tarde em regiões secas.

Magnetosfera Fora da plasmapausa, as linhas de campo magnético não são capazes de se corotar porque são fortemente influenciadas por campos eléctricos de origem no vento solar. A magnetosfera é uma cavidade (também não esférica) na qual o campo magnético da Terra é limitado pelo vento solar e pelo campo magnético interplanetário (FMI). O limite exterior da magnetosfera é designado por magnetopausa. A magnetosfera tem a forma de uma lágrima alongada (como um enfeite de árvore de Natal) com a cauda a apontar para longe do Sol. A magnetopausa localiza-se normalmente a cerca de 10 raios terrestres ou cerca de 35 000 milhas (cerca de 56 000 km) acima da superfície da Terra no lado diurno e estende-se numa longa cauda, a magnetotail, com alguns milhões de milhas de comprimento (cerca de 1000 raios terrestres), muito para além da órbita da Lua (a cerca de 60 raios terrestres), no lado noturno da Terra. Para além da magnetopausa, a magnetosfera e o arco de choque são regiões do vento solar perturbadas pela presença da Terra e do seu campo magnético

A ionosfera terrestre é a parte da atmosfera a grande altitude, a partir de cerca de 90 km, que está fortemente ionizada. Os electrões são retirados das moléculas de gás, dando origem a iões, pela radiação ultravioleta (1 -10 x 10^{-8} m) do Sol, bem como pelos raios X incidentes. A mistura de iões com carga positiva e negativa, electrões negativos e gás neutro é chamada plasma, que é o estado mais comum do universo. As moléculas de gás mais abundantes são o oxigénio molecular (O_2) e o azoto (N_2) abaixo dos 200 km, o oxigénio atómico (O) acima dos 200 km, e o hidrogénio (H) e o hélio (He) acima dos 600 km de altitude. Embora menos de 1% da atmosfera superior fique ionizada, as partículas carregadas tornam o gás condutor de eletricidade, o que altera completamente as suas caraterísticas (Figura 3). A ionosfera pode transportar correntes eléctricas, bem como refletir, desviar e dispersar ondas de rádio.

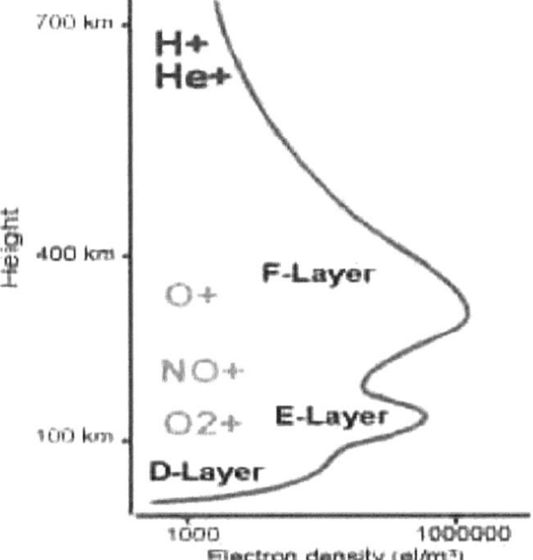

Figura 3: Um perfil típico de densidade de electrões em altitude, os iões mais importantes e as várias camadas da ionosfera.

A ionosfera está dividida em diferentes camadas de acordo com a densidade de electrões presente, que é sempre igual à densidade de iões. A figura 4 mostra um esquema das diferentes nomenclaturas, um perfil típico da densidade eletrónica e quais os iões que dominam com a altitude. A camada D é particularmente complicada, com a presença de mais de 50 reacções químicas. A densidade eletrónica da camada F pode exceder 10^{12} m^{-3} , especialmente em latitudes elevadas, onde os electrões de alta energia provenientes do Sol podem incidir na atmosfera superior, causando ionização adicional. A estrutura da ionosfera é um equilíbrio entre a produção solar e os processos destrutivos de recombinação. A densidade de electrões sofre uma forte variação diária, especialmente ao nascer e ao pôr do sol, bem como flutuações anuais. O Sol tem um ciclo de atividade de 11 anos, o que é testemunhado pelo número de manchas solares na sua superfície.

Durante o dia, observa-se por vezes E esporádico na região E e, em certas alturas do ciclo solar, a região F1 pode não ser distinta da região F2, mas fundir-se para formar uma região F. Durante a noite, as regiões D, E e F1 ficam muito mais pobres em electrões livres, deixando apenas a região F2 disponível para comunicações; no entanto, não é raro ocorrerem E esporádicos durante a noite. Apenas as regiões E, F1, E esporádica quando presente, e F2 refractam as ondas HF. A região D é importante porque, embora não refracte as ondas de rádio HF, absorve-as ou atenua-as.

A região F2 é a região mais importante para a propagação de rádio de alta frequência:

Está presente 24 horas por dia;

A sua altitude elevada permite as vias de comunicação mais longas;

Normalmente, refracta as frequências mais elevadas na gama HF.

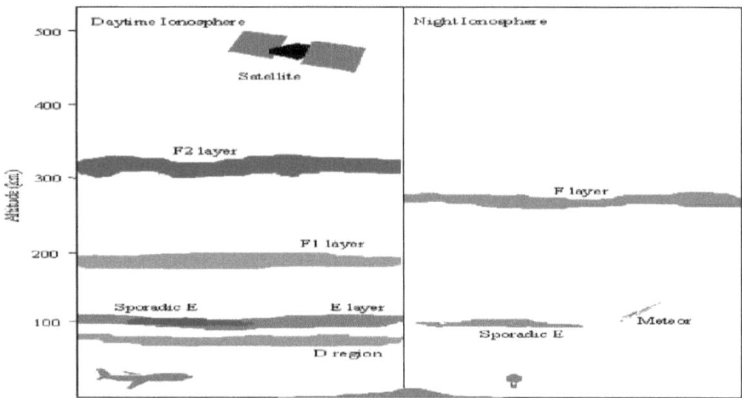

Figura 4: Estrutura diurna e nocturna da ionosfera.

O tempo de vida dos electrões é maior na região F2, o que é uma das razões pelas quais está presente à noite. O tempo de vida típico dos electrões nas regiões E, F1 e F2 é de 20 segundos, 1 minuto e 20 minutos, respetivamente.

1.5. Formação da Ionosfera

A concentração de electrões na ionosfera resulta de um equilíbrio entre os mecanismos de produção e de destruição. Os processos dominantes são listados abaixo para cada região. O facto de diferentes processos ocorrerem a diferentes altitudes é a razão da estrutura vertical da ionosfera.

Região D (cerca de 60 a 90 km ou 35 a 55 milhas de altitude)

Produção: ionização diurna do óxido nítrico (NO) pelo Lyman alfa solar (comprimento de onda de 121 nanómetros) e do ar (N_2 , O_2) pelos raios X solares (menos de 20 nm). Os iões moleculares reagem com o vapor de água para produzir iões de aglomerados de água.

Destruição: os electrões recombinam-se rapidamente com os iões do aglomerado de água e também se ligam ao O_2 para formar iões negativos (mas voltam a separar-se rapidamente à luz do dia)

Equilíbrio: a camada desaparece durante a noite (em alguns minutos), uma vez que a produção cessa essencialmente e os electrões sofrem uma rápida recombinação e fixação

Região E (cerca de 90 a 140 km ou 55 a 90 milhas de altitude)

Produção: ionização diurna do oxigénio molecular (O2) por radiação solar ultravioleta extrema (90-103 nm), ionização de vapores meteóricos

Destruição: os electrões recombinam-se com iões moleculares (O_2^+ e NO $)^+$

Equilíbrio: a camada persiste, embora diminua, durante a noite devido a uma recombinação mais lenta (do que na região D) e à presença de iões metálicos atómicos como o Na^+ (sódio) e o Fe^+ (ferro). Os electrões recombinam-se com iões atómicos (como o Na^+ ou o O^+) de forma muito ineficiente.

Região F (acima de 140 km ou 90 milhas de altitude)

Produção: ionização diurna de O atómico por radiação solar ultravioleta extrema (EUV) (20- 90 nm). O^+ convertido em NO^+ pelo azoto molecular $(N\ )_2$
Região F1 (cerca de 140 a 180 km ou 90 a 115 milhas de altitude)

Destruição: controlada pela recombinação de iões NO^+ com electrões.

Equilíbrio: a camada diminui à noite à medida que os electrões se recombinam com o NO^+

Região F2 (pico a cerca de 300 a 400 km ou 180 a 250 milhas de altitude)

Destruição: controlada pela reação do O^+ com o azoto molecular (N_2), os electrões recombinam-se rapidamente com o produto iónico (NO^+) à medida que este é criado

Equilíbrio: a camada persiste durante a noite (tornando-se simplesmente a região F), uma vez que o pequeno fornecimento de N_2 leva a uma conversão lenta de O^+ em NO^+ e, por conseguinte, apenas a uma pequena redução do número de electrões.

1.6. Produção e perda de electrões na ionosfera

A radiação do Sol provoca ionização na ionosfera. Os electrões são produzidos quando esta radiação colide com átomos e moléculas sem carga, figura 5. Uma vez que este processo requer radiação solar, a produção de electrões só ocorre no hemisfério diurno da ionosfera.

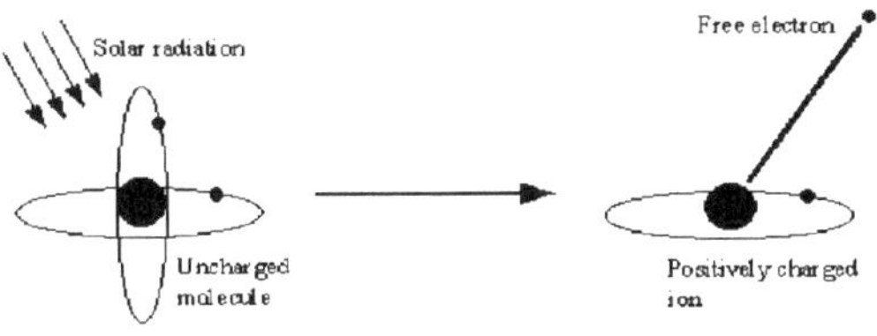

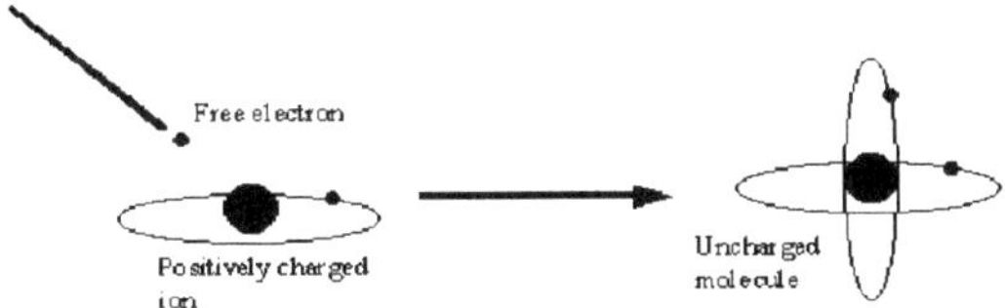

Figura 5: Produção (em cima) e perda (em baixo).

Quando um eletrão livre se combina com um ião carregado, forma-se normalmente uma partícula neutra, figura 5. Essencialmente, a perda é o processo oposto à produção. A perda de electrões ocorre continuamente, tanto de dia como de noite.

1.7. Variações Ionosféricas

A existência da ionosfera está diretamente relacionada com as radiações emitidas pelo sol. O movimento da Terra em torno do Sol ou as alterações da sua atividade provocam variações, que são de dois tipos gerais:

- As que são mais ou menos regulares e ocorrem em ciclos e, por conseguinte, podem ser previstas antecipadamente com uma precisão razoável.
- As que são irregulares resultam de comportamentos anómalos do sol e, por isso, não podem ser previstas com antecedência.

Tanto as variações regulares como as irregulares têm um efeito importante na propagação das ondas de rádio.

1.8. Variações regulares

As variações regulares que afectam a extensão da ionização na ionosfera podem ser divididas em quatro classes principais:

1. **Variações diárias**
2. **Variações sazonais**
3. **Manchas solares**
4. **Ciclo de manchas solares de 11 anos**

Variações diárias

As frequências de funcionamento são normalmente mais elevadas durante o dia e mais baixas durante a noite, figura 6. Com o amanhecer, a radiação solar provoca a produção de electrões na ionosfera e as frequências aumentam, atingindo o seu máximo por volta do meio-dia. Durante a tarde, as frequências começam a diminuir devido à perda de electrões e, ao anoitecer, as regiões D, E e F1 tornam-se insignificantes. As comunicações por ondas HF no céu durante a noite são, portanto, efectuadas pela região F2 e a absorção das ondas de rádio é menor devido à ausência da região D. Durante a noite, as frequências diminuem, atingindo o seu mínimo pouco antes do amanhecer.

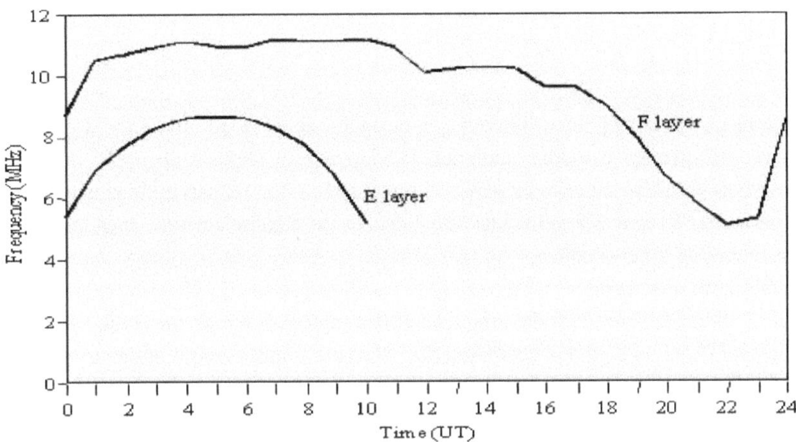

Figura 6: Frequências das camadas E e F para um circuito de Singapura a Ho Chi Minh num determinado momento de um ciclo solar.

Variações sazonais

As variações sazonais são o resultado da rotação da Terra em torno do sol, porque a posição relativa do sol move-se de um hemisfério para o outro com as mudanças nas estações. As variações sazonais das camadas D, E e F1 estão diretamente relacionadas com o ângulo mais elevado do sol, o que significa que a densidade de ionização destas camadas é maior durante o verão. A sua ionização é maior durante o inverno; por conseguinte, as frequências de funcionamento para a propagação da camada F2 são mais elevadas no inverno do que no verão.

Manchas solares

Uma das ocorrências mais notáveis na superfície do Sol é o aparecimento e desaparecimento de áreas escuras e de forma irregular, conhecidas como MANCHAS SOLARES. Acredita-se que as manchas solares sejam causadas por erupções violentas no Sol e são caracterizadas por fortes campos magnéticos. Estas manchas solares causam variações no nível de ionização da ionosfera. As manchas solares tendem a aparecer em dois ciclos, a cada 27 dias e a cada 11 anos.

O número de manchas solares presentes num dado momento está em constante mudança, uma vez que algumas desaparecem e outras surgem. Como o Sol gira sobre o seu próprio eixo, estas manchas solares são visíveis em intervalos de 27 dias, que é o período aproximado para o Sol efetuar uma revolução completa. Durante este período de tempo, as flutuações na ionização são maiores na camada F2. Por este motivo, não é possível calcular frequências críticas para comunicações de longa distância para a camada F2, sendo necessário ter em conta as flutuações.

Ciclo de onze anos

As manchas solares podem ocorrer de forma inesperada e o tempo de vida de cada mancha solar é variável. O CICLO DE ONZE ANOS DAS MANCHAS SOLARES é um ciclo regular de atividade das manchas solares que tem um nível mínimo e máximo de atividade que ocorre de 11 em 11 anos. Durante os períodos de atividade máxima, a densidade de ionização de todas as camadas aumenta. Devido a este facto, a absorção na camada D aumenta e as frequências críticas para as camadas E, F1 e F2 são mais elevadas. Durante estes períodos, devem ser utilizadas frequências de funcionamento mais elevadas para comunicações de longo alcance.

Variações com a latitude

A figura 7 indica as variações das frequências das regiões E e F ao meio-dia e à meia-noite, desde os pólos até ao equador geomagnético. Durante o dia e com o aumento da latitude, a radiação solar atinge a atmosfera de forma mais oblíqua, pelo que a intensidade da radiação e a produção de densidade eletrónica diminuem em direção aos pólos.

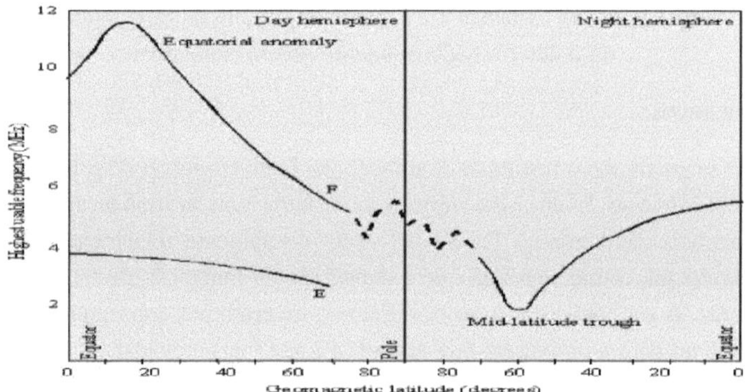

Figura 7: Representação das variações latitudinais.

Observe na figura 7 como as freqüências diurnas da região F não atingem o pico no equador magnético, mas cerca de 15 a 20 graus ao norte e ao sul dele. Isto é chamado de anomalia equatorial. À noite, as freqüências atingem um mínimo em torno de 60 graus de latitude ao norte e ao sul do equador geomagnético. É o chamado vale de latitude média. Nas proximidades destes fenómenos podem ocorrer grandes inclinações que podem levar a variações na gama de ondas do céu que têm pontos de reflexão nas proximidades.

1.9. Variações irregulares

As variações irregulares são isso mesmo, alterações imprevisíveis na ionosfera que podem afetar drasticamente a nossa capacidade de comunicação. As variações mais comuns são:

- Esporádico E
- Espalhar F
- Perturbações ionosféricas
- Tempestades ionosféricas

❖ Absorção do copo polar (PCA)

Esporádico E

A E esporádica pode formar-se em qualquer altura. Ocorre a altitudes entre 90 e 140 km (na região E), e pode espalhar-se por uma grande área ou ficar confinada a uma pequena região. É difícil saber onde e quando ocorrerá e por quanto tempo persistirá. A E esporádica pode ter uma densidade de electrões comparável à da região F, o que implica que pode refratar frequências comparáveis às da região F. Por conseguinte, a camada E esporádica pode ser utilizada para comunicações HF em frequências mais elevadas do que as utilizadas para comunicações normais da camada E, por vezes. Por vezes, uma camada E esporádica é transparente e permite que a maior parte da onda de rádio passe através dela para a região F. No entanto, noutras ocasiões, a camada E esporádica obscurece totalmente a região F e o sinal não chega ao recetor (cobertura E esporádica). Se a camada esporádica E for parcialmente transparente, é provável que a onda de rádio seja refractada umas vezes a partir da região F e outras vezes a partir da E esporádica, o que pode levar à transmissão parcial do sinal ou ao seu desvanecimento (figura 8).

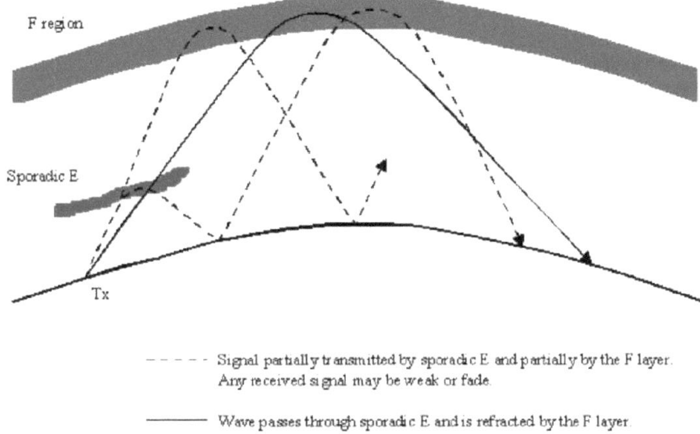

Figura 8: Alguns caminhos possíveis quando existe E esporádico.

A E esporádica nas latitudes baixas e médias ocorre principalmente durante o dia e no início da noite, e é mais prevalente durante os meses de verão. Nas latitudes elevadas, a E esporádica tende a formar-se durante a noite.

Espalhar F

O espalhamento F ocorre quando a região F se torna difusa devido a irregularidades nessa região que dispersam a onda de rádio. O sinal recebido é a sobreposição de uma série de ondas refractadas a partir de diferentes alturas e localizações na ionosfera em momentos ligeiramente diferentes. Nas latitudes baixas, a propagação F ocorre principalmente durante a noite e em torno dos equinócios. Em latitudes médias, a propagação F é menos provável de ocorrer do que em latitudes baixas e altas. Aqui é mais provável que ocorra durante a noite e no inverno. Em latitudes superiores a cerca de 40 graus, a propagação F tende a ser um fenómeno noturno, aparecendo principalmente em torno dos equinócios, enquanto que em torno dos pólos magnéticos, a propagação F é frequentemente observada tanto de dia como de noite. Em todas as latitudes, há uma tendência para a propagação de F ocorrer quando há uma diminuição nas frequências da região F. Ou seja, a propagação F está frequentemente associada a tempestades ionosféricas.

Perturbações Ionosféricas Súbitas (SID)

Conhecidas vulgarmente como SID, estas perturbações podem ocorrer sem aviso prévio e podem durar de alguns minutos a várias horas. Quando ocorrem SID, as comunicações HF de longo alcance ficam quase totalmente apagadas. O operador de rádio que estiver a ouvir durante este período acreditará que o seu recetor ficou sem sinal. A ocorrência do SID é causada por uma erupção solar brilhante que produz uma explosão invulgarmente intensa de luz ultravioleta que não é absorvida pelas camadas F1, F2 ou E. Em vez disso, faz com que a densidade de ionização da camada D aumente muito. Como resultado, frequências acima de 1 ou 2 megahertz são incapazes de penetrar na camada D e são completamente absorvidas.

Tempestades Ionosféricas

As tempestades ionosféricas são causadas por perturbações no campo magnético da Terra. Estão associadas tanto a erupções solares como ao ciclo de 27 dias, o que significa que estão relacionadas com a rotação do Sol. Os efeitos das tempestades ionosféricas são uma ionosfera turbulenta e uma propagação muito errática das ondas do céu. As tempestades afectam sobretudo a camada F2, reduzindo a sua densidade de iões e fazendo com que as frequências críticas sejam mais baixas do que o normal. O que isto significa para fins de comunicação é que a gama de frequências num determinado circuito é menor do que o normal e que as comunicações só são possíveis em frequências de trabalho mais baixas.

Absorção do copo polar (PCA)

Associada às erupções solares está uma libertação de protões de alta energia. Estas partículas podem atingir a Terra no espaço de 15 minutos a 2 horas após a erupção solar. Os protões espiralam em torno e para baixo das linhas do campo magnético da Terra e penetram na atmosfera perto dos pólos magnéticos, aumentando a ionização das camadas D e E. Os PCA's duram normalmente entre uma hora e vários dias, com uma média de cerca de 24 a 36 horas.

2: Técnicas experimentais

2. Introdução

O estudo baseia-se nos dados do ionograma registados pela ionossonda digital IPS-71 instalada sobre a região da crosta de anomalias de Bhopal (Geo.Lat.23.2° N, Geo. Long77.4° E, Dip latitude18.4°) durante um período de quatro anos, de janeiro de 2007 a dezembro de 2010, abrangendo a fase final do ciclo solar 23 e a fase inicial do ciclo solar 24. Este período específico é considerado muito adequado para examinar o número de manchas solares e abrange períodos de baixa atividade solar. Os ionogramas trimestrais são analisados durante 24 horas durante estes anos de estudo e foram cuidadosamente examinados para registar a presença de spread-F e esporádico-E, conforme apresentado.

2.1. Ionosonda digital

A ionossonda utiliza técnicas básicas de radar para detetar a densidade de electrões do plasma ionosférico em função da altura. Ao analisar o atraso temporal de quaisquer ecos, um radar de sondagem vertical utiliza ondas de rádio de alta frequência para sondar a ionosfera. Tanto as sondas ionosféricas verticais como as oblíquas (ionossondas) funcionam segundo os mesmos princípios figura 9. Na sua forma mais simples, a ionossonda transmite verticalmente uma onda de rádio de alta frequência (tipicamente 1-30 MHz) e regista o tempo de voo dos "ecos" reflectidos pelas várias camadas ionizadas. As antenas de receção, localizadas juntamente com o transmissor, detectam os ecos de retorno da ionosfera. O conceito de sondagem da ionosfera nasceu já em 1924, por brief e Tuve (1926). Provaram a existência de uma camada ionizada com a receção dos ecos da ionosfera de impulsos de alta frequência transmitidos a 4,3 MHz a partir de um transmissor remoto (distância de 23,8 km). Assim, durante mais de quatro décadas, a sondagem da ionosfera com sondas ionosféricas ou ionossondas tem sido a técnica mais importante desenvolvida para a investigação da estrutura global da ionosfera, das suas alterações diurnas, sazonais e do ciclo solar e da sua resposta a perturbações solares.

Figura 9: O Sistema Avançado de Ionosondas Digitais Modernas da série IPS-71 fabricado pela KEL.

Atualmente, existem várias técnicas de rádio que são utilizadas para estudar as diferentes propriedades da ionosfera, mas a sondagem da ionosfera por rádio utilizando a ionossonda é a mais comum. É utilizada em todo o mundo para a sua monitorização contínua. Talvez nenhuma outra experiência terrestre tenha dado um contributo tão substancial para a compreensão da ionosfera como a ionossonda e continua a sê-lo, especialmente com a disponibilidade da atual ionossonda digital controlada por computador com capacidade de escalonamento automático. Pelo contrário, as técnicas modernas de medição de parâmetros complexos da ionosfera e de processamento de dados conduziram a um ressurgimento do interesse pela sondagem da ionosfera como instrumento de investigação fundamental, enquanto um interesse renovado pela comunicação em alta frequência está a conduzir a um rejuvenescimento da rede global de ionossondas.

TEORIA BÁSICA DAS IONOSSONDAS

A trajetória de uma onda de rádio é afetada por quaisquer cargas livres no meio através do qual viaja. O índice de refração é determinado pela concentração de electrões e pelo campo magnético do meio e as propriedades de frequência das ondas que se propagam na ionosfera;

- O índice de refração é proporcional à concentração de electrões.
- O índice de refração é inversamente proporcional à frequência da onda transmitida.
- Existem dois caminhos possíveis para os raios, dependendo do sentido de polarização da onda transmitida. Isto é o resultado do campo magnético, que faz com que a ionosfera seja birrefringente. Os dois raios são designados por componentes ordinária e extraordinária.

A ionização na atmosfera apresenta-se sob a forma de várias camadas horizontais, pelo que a concentração de electrões e, consequentemente, o índice de refração da ionosfera variam com a altura. Através da emissão de uma gama de frequências e da medição do tempo que cada frequência demora a ser reflectida, é possível estimar a concentração e a altura de cada camada de ionização. Uma ionossonda emite uma série de frequências, normalmente entre 0,1 e 30 MHz. À medida que a frequência aumenta, cada onda é menos refractada pela ionização na camada e, por isso, penetra mais antes de ser reflectida. À medida que uma onda se aproxima do ponto de reflexão, a sua velocidade de grupo aproxima-se de zero, o que aumenta o tempo de voo do sinal. Eventualmente, é atingida uma frequência que permite que a onda penetre na camada sem ser reflectida. Para ondas de modo ordinário, isto ocorre quando a frequência transmitida excede a frequência de pico do plasma da camada. No caso do modo extraordinário, ocorre a uma frequência que é superior à da onda ordinária em metade da frequência do giroscópio eletrónico.

A frequência com que uma onda penetra apenas numa camada de ionização é conhecida como a frequência crítica dessa camada. A frequência crítica está relacionada com a densidade eletrónica pela relação simples;

Fc = 8. 98 para o modo ordinário

Fc = 8. 98 para o modo extraordinário.

Fc é a frequência crítica em Hz, Ne é a concentração de electrões por metro cúbico, é a intensidade do campo magnético, e é a carga de um eletrão e m é a massa de um eletrão.

Todas as frequências transmitidas acima desta frequência crítica penetrarão na camada sem serem reflectidas. A sua velocidade de grupo será, no entanto, abrandada por qualquer ionização, o que aumentará o tempo de voo. Se uma onda deste tipo encontrar outra camada, cuja frequência do plasma seja superior à frequência da onda, o sinal de retorno será ainda mais atrasado à medida que viaja de volta através da ionização subjacente. A altura aparente ou virtual indicada por este atraso será, portanto, maior do que a altura real. A diferença entre a altura real e a altura virtual é determinada pela quantidade de ionização que a onda atravessou. A recriação do perfil da altura real da concentração de electrões a partir dos dados do ionograma é uma utilização importante dos dados do ionóstato. Este procedimento é conhecido como análise da altura real.

Basicamente, uma sonda é um tipo de radar capaz de obter ecos da ionosfera numa vasta gama de frequências de funcionamento. A ionossonda determina o perfil vertical da ionosfera desde o solo até à altura da densidade máxima de electrões. O seu funcionamento baseia-se na reflexão das ondas de rádio pelo plasma condutor ionosférico. A reflexão ocorre quando a frequência do plasma é superior à frequência de sondagem da rádio, uma vez que a frequência do plasma é função da densidade eletrónica, pelo que estas reflexões podem ser utilizadas para sondar o perfil da densidade eletrónica ionosférica. Com uma ionossonda, um curto impulso de ondas de rádio é transmitido verticalmente para cima e recebido no mesmo local após a reflexão da ionosfera. A frequência de rádio é alterada de forma constante durante alguns minutos e o tempo de percurso do impulso é registado fotograficamente como ionograma.

Ionograma

O ionograma é um registo do estado da ionosfera indicado pela relação entre o impulso de rádio emitido para cima e a altura virtual dos ecos reflectidos da ionosfera (figura 10). O ionograma pode ser utilizado para determinar a distribuição da densidade eletrónica em função da altura, desde uma altura que é aproximadamente o fundo da camada E até ao pico da camada F2. De forma mais conveniente, a ionossonda pode ser utilizada para determinar as condições das ligações de comunicação HF.

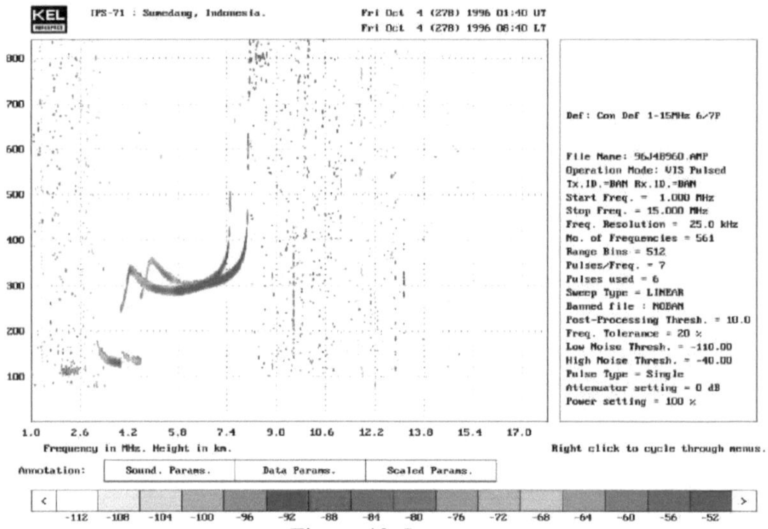

Figura 10: Ionograma

Num ionograma, a escala horizontal indica a radiofrequência do impulso emitido e a escala vertical representa a altura efectiva (altura virtual) a que uma camada fortemente reflectora teria de estar para refletir o impulso com o tempo de intervalo observado. Os atrasos de tempo são geralmente medidos em termos de distância virtual pela relação h = ct/2, sendo c a velocidade das ondas electromagnéticas no vácuo. A quantidade h seria igual ao intervalo de reflexão se a propagação ocorresse à velocidade c, o que não é verdade. O ionograma mostra as alturas virtuais e as frequências críticas da camada da ionosfera, que são medidas por uma ionossonda. Uma ionossonda varre uma gama de frequências, normalmente de 0,1 a 30 MHz, transmitindo-as com incidência vertical para a ionosfera. À medida que as frequências aumentam, cada onda é menos refractada pela ionização na camada e assim cada uma penetra mais antes de ser reflectida. Eventualmente, é atingida uma frequência que permite que a onda penetre na camada sem ser refractada. Para as ondas de modo ordinário, isto ocorre quando a frequência transmitida excede o pico do plasma, ou frequência crítica, e os traçados da camada dos impulsos de rádio de alta frequência reflectidos são conhecidos como gramas de iões.

Um ionograma é um gráfico do tempo de voo em função da frequência transmitida. Cada camada ionosférica apresenta-se como um conjunto de curvas aproximadamente suaves, separadas umas das outras por uma assíntota na frequência crítica dessa camada.

As secções curvadas para cima no início de cada camada devem-se ao facto de a onda transmitida ser mostrada, mas não reflectida, pela ionização subjacente, que tem uma frequência de plasma próxima, mas não igual, à frequência transmitida.

A frequência crítica de cada camada é escalonada a partir da assíntota e a altura virtual de cada camada é escalonada a partir do ponto mais baixo de cada curva. Antes de avançarmos, temos de compreender o conceito de altura virtual e de frequência crítica.

Conceito de altura virtual

A escala de altura do ionograma é marcada com base no pressuposto de que as ondas de rádio se propagam na ionosfera à velocidade da luz.

De facto, no entanto, propagam-se mais lentamente num meio ionizado como a ionosfera. Por conseguinte, a altura registada tende sempre a ser mais elevada do que a altura real da reflexão. Assim, a altura registada corresponde à altura virtual (h') que é indicada como h'F1, h'F2, h'E etc., camada a camada.

Assim, a altura virtual das camadas ionosféricas pode ser definida como a altura que um impulso curto de energia, enviado verticalmente para cima e viajando à velocidade da luz, atingiria com o mesmo tempo de percurso nos dois sentidos que o impulso real refletido pela camada, sendo a altura virtual sempre superior à altura real das camadas ionosféricas. Se a altura virtual da camada for conhecida, então é fácil calcular o ângulo de incidência necessário para que a onda regresse à Terra num ponto desejado.

Frequência crítica

A frequência crítica é a frequência de rádio limite abaixo da qual uma onda de rádio é reflectida e acima da qual penetra e atravessa o meio ionizado (um meio ionosférico) em incidência vertical, e é diferente para diferentes camadas. É normalmente designada por f0 e fc e, para uma determinada camada, é proporcional à raiz quadrada da densidade máxima de electrões dessa camada.

parâmetro que pode ser obtido através da utilização de ionossondas digitais

A Ionosonda Digital Avançada IPS-71 é um sistema completo de hardware e software que adquire dados ionosféricos de alta resolução para a Gestão de Frequências HF em Tempo Real (RTFM) e para o estudo científico da estrutura e dinâmica da ionosfera (figura 11). Com transmissões pulsadas e FMCW, uma combinação de capacidades de sondagem vertical e oblíqua e um software de pós-processamento abrangente, este instrumento oferece muitas caraterísticas avançadas, incluindo

- Ionogramas convencionais
- Ionogramas Doppler
- Fase Altura Sondagem
- Dados de vigilância do espetro HF
- Transmissão e receção oblíqua "pulsada" de ionogramas
- Transmissão oblíqua 'FMCW' e receção de ionogramas
- Ângulo e direção de chegada (SkyMap) Sondagem (com Doppler)
- Software de pós-processamento para análise de séries temporais, escalonamento manual e escalonamento automático
- Ligação à Internet

O software possui menus fáceis de utilizar com o rato que permitem uma grande flexibilidade de funcionamento. Existem muitas configurações definidas pelo utilizador que permitem que o software seja fácil e rapidamente modificado para se adaptar às suas necessidades.

2.2. Descrição dos módulos de hardware do sistema de ionosondas Ips-71

Esta secção descreve os módulos de hardware do sistema principal, com os respectivos controlos, ligações e indicadores. Os módulos de hardware do sistema principal são:

- O módulo recetor
- O módulo transmissor
- O módulo sintetizador de frequências
- O módulo PC
- O módulo (opcional) de recetor GPS/relógio

Recetor

O Recetor IPS-71 é fundamental para o funcionamento do IPS-71 Ionosonda. O Módulo Recetor:

- Comunica com o sistema de controlo (o módulo PC)
- Controla o módulo de síntese de frequências
- Fornece um sinal de RF coerente com a fase para o módulo transmissor
- Fornece sinais de controlo para o módulo do transmissor e
- Efectua a conversão analógico-digital dos sinais recebidos.

Segue-se uma descrição dos controlos, conectores e indicadores dos painéis frontal e traseiro do Recetor IPS-71.

Painel frontal do recetor:

(A) Indicador de falha (Alarme PSU)

A luz vermelha indica uma falha na fonte de alimentação do recetor IPS-71.

(B) Indicador de alimentação (DC ON)

A luz verde indica se o recetor IPS-71 está ligado.

(C) Interruptor de alimentação

Liga ou desliga apenas o recetor IPS-71.

Painel traseiro do recetor:

(D) Saída de alimentação CA

Este é um conetor Cannon fêmea de três pinos para fornecer energia eléctrica ao transmissor IPS-71. (E) Entrada de alimentação AC. Este é um conetor Cannon macho de três pinos para fornecer energia eléctrica ao Recetor IPS-71 e ao Transmissor IPS-71. (F) Fusíveis.

Estes fusíveis fornecem proteção à rede eléctrica; se falharem, devem ser substituídos por fusíveis 3AG *** Amp

(G)Seletor de tensão

Este interrutor seleciona o funcionamento do IPS-71 em 110 Volt ou 240 Volt

Recetor. (H) Ficha de terra/ligação

(I) Interface auxiliar

Este é um conetor D fêmea de quinze pinos. Fornece oito saídas digitais TTL e quatro entradas digitais TTL que são controladas por computador. (Normalmente utilizado para comutação de separação O/X e outras funções).

(J)Controlo do sintetizador de frequências

Este é um conetor Centronics fêmea de cinquenta pinos. Controla o nível e a frequência de saída do Sintetizador de Frequência. (K) Entrada de Antena RX. Este é um conetor BNC que é ligado a uma Antena de Receção externa, para receção de sinais de Ionograma.

(L) Interface de controlo do computador

Este é um conetor D macho de quinze pinos. Fornece comunicações de dados em série com o computador do Sistema de Controlo. (M) Saída de polarização TX. Este é um conetor BNC que fornece um sinal de controlo TTL ao Transmissor IPS-71 para ativar a polarização do Amplificador do Controlador.

(N) Saída RF TX

Este é um conetor BNC que fornece um sinal RF ao Transmissor IPS-71 para transmissão. (O) Saída de controlo Tx. Este é um conetor BNC que fornece um sinal de controlo TTL ao Transmissor IPS-71 para ativar o Amplificador de Potência.

(P) Entrada de referência

Este é um conetor BNC que fornece uma entrada de 10MHz para o Recetor a partir da saída de 10MHz do Sintetizador de Frequência.

(Q) Entrada do oscilador local

Este é um conetor BNC que fornece uma entrada de frequência variável a partir da saída principal do sintetizador de frequências. As figuras abaixo mostram os painéis frontal e traseiro do Recetor IPS-71, ver a lista na página anterior para as descrições correspondentes de cada controlo.

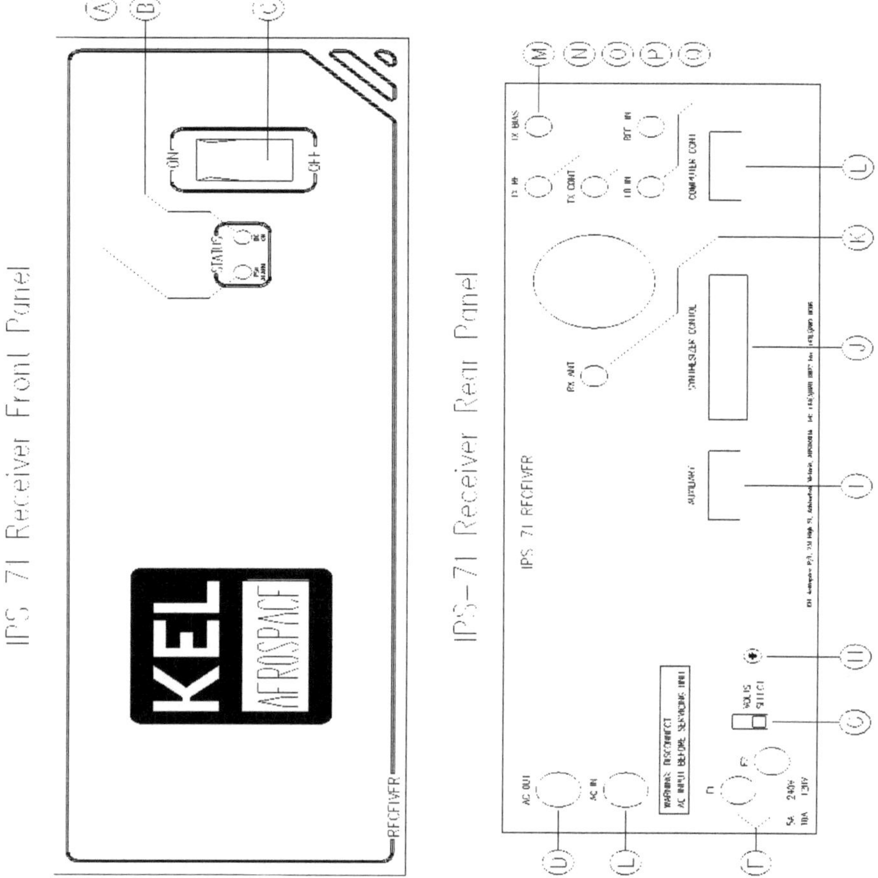

Figura 11: Painel frontal do recetor IPS-71

Antena Delta dupla

A antena Delta é uma antena muito adequada para o IPS-71, tem uma ampla cobertura de frequência e o seu padrão de radiação de alto ângulo está bem adaptado aos requisitos de todos os modos de aquisição do IPS-71. Cada antena requer apenas um único mastro e duas antenas podem ser montadas juntas. Um sistema mínimo exigiria uma antena Delta de transmissão e uma única antena Delta de receção. Se forem necessárias medições de separação O/X, então será necessária uma Antena Delta de Receção Dupla.

Um alimentador de cabo coaxial, a partir do IPS-71, é conectado a um balun localizado centralmente na parte inferior da antena. A radiação resulta de uma onda que viaja para cima até uma terminação resistiva no topo.

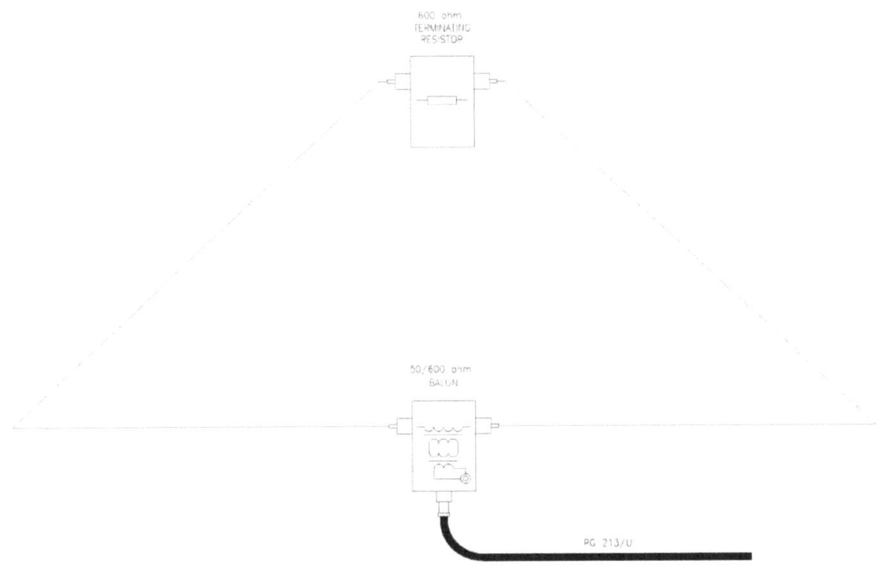

Figura 12: Antena Delta de receção dupla

Antena Delta de Transmissão

A Antena Delta de Transmissão requer um mastro de 25 metros de altura, localizado a cerca de 95 a 97 metros do edifício que contém o equipamento IPS-71. O mastro deve ser suportado por cabos de sustentação não condutores ou não ressonantes. Os lados (ou asas) do elemento da antena estender-se-ão a partir do mastro numa distância de 23 metros, a uma altura acima do solo de 2 metros, e serão apoiados ou estaiados no solo (Figura 13.). A distância total necessária ao solo é de 56 metros.

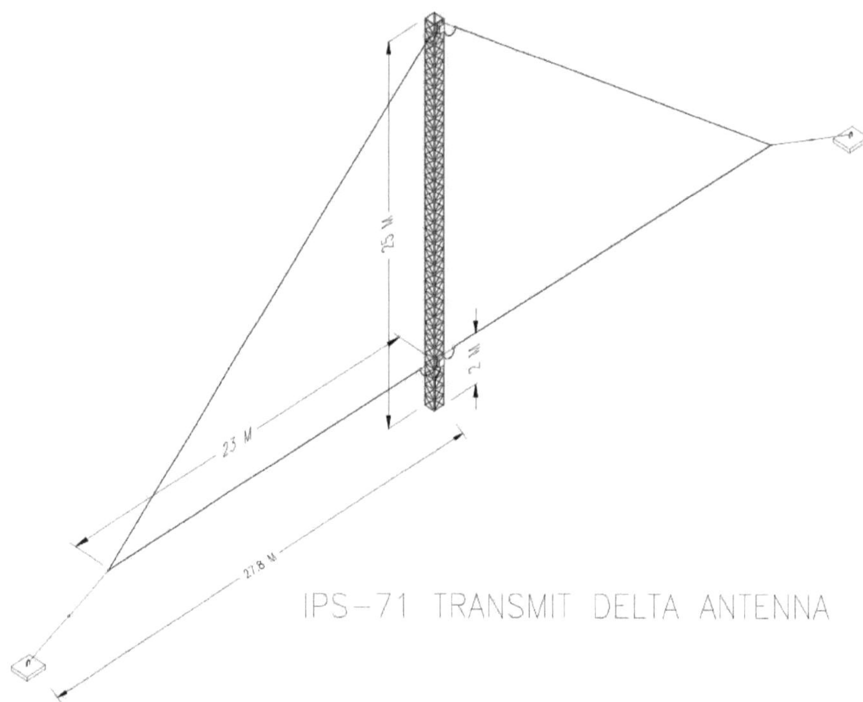

Figura 13: Antena Delta de Transmissão

Antena Delta de receção

A Antena Delta de Receção requer um mastro de 22 metros de altura, situado a cerca de 95 a 97 metros do edifício que contém o equipamento IPS-71. O mastro deve ser suportado por cabos de sustentação não condutores ou não ressonantes. Os lados (ou asas) do elemento de antena estender-se-ão do mastro por uma distância de 20 metros, a uma altura acima do solo de 2 metros, e serão apoiados ou estaiados no solo. A distância total ao solo necessária é de 50 metros. Para uma antena Delta dupla, ver (Figuras 14 e 15).

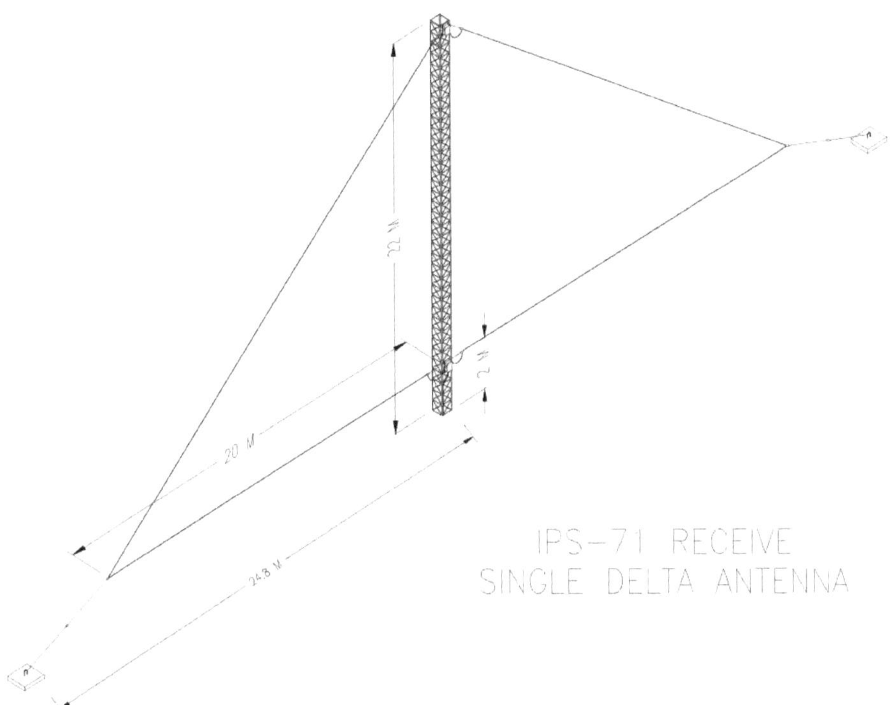

Figura 14: Antena Delta de receção

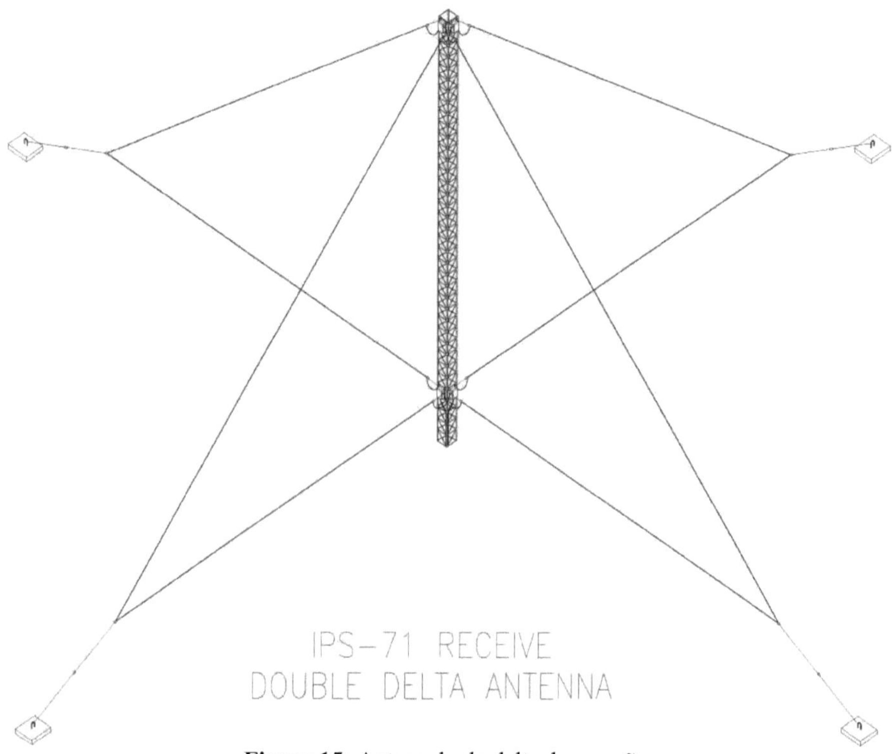

Figura 15: Antena dupla delta de receção

A antena dupla delta de receção é necessária para medições de separação O/X. As dimensões de cada elemento são as mesmas que para a antena delta simples.

Requisitos gerais

1. As condições locais devem ser consideradas ao selecionar o tipo de mastro e a disposição dos cabos de sustentação.
2. O cabo coaxial de alimentação é do tipo RG 213/U e o comprimento máximo do cabo de alimentação é de 100 metros por antena.
3. Todos os mastros devem ser eletricamente ligados à terra, para minimizar o risco de trovoada.
4. O elemento de antena pode ser um fio de cobre trefilado isolado, com vários fios, por exemplo, 7/1,35 (n.º mm).
5. Os requisitos de distância ao solo para as antenas são apresentados na figura 16.

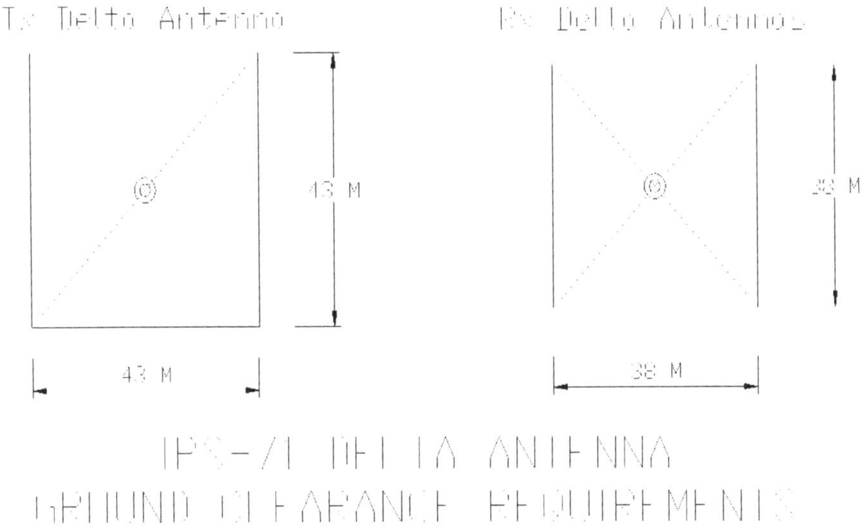

Figura 16: Requisitos de distância ao solo para as antenas

Requisitos do sítio

1. A Antena de Receção não deve ser colocada perto de fontes de ruído elétrico (geradores, transformadores de corrente eléctrica, oficinas ou outros transmissores de RF).

2. A Antena de Transmissão não deve ser colocada perto da Antena Delta de Receção, de cabos eléctricos ou telefónicos e de áreas onde as pessoas possam entrar em contacto com o elemento da antena (tensão perigosa).

3. Idealmente, todos os cabos de alimentação devem ser enterrados no solo.

2.3. Descrição dos módulos de software do sistema de ionosondas Ips-71

A Ionosonda Digital Avançada IPS-71 é um instrumento poderoso com muitas caraterísticas avançadas. Por esta razão, o software que controla a IPS-71 é detalhado e complexo, embora permaneça claro e de fácil utilização. O principal programa de software é um módulo chamado IPS71.EXE.

A principal função do software é controlar a aquisição de dados do IPS-71. Existem cinco tipos principais de aquisições de dados:

1. Convencional (VIS e/ou OIS opcional)
2. Doppler
3. Vigilância
4. Mapa do céu (opcional)
5. Fase

Cada um destes tipos de aquisições tem muitos parâmetros variáveis para dar maior flexibilidade e controlo da aquisição de dados. O Software encapsula estes parâmetros em Definições de Aquisição. Muitas definições de aquisição diferentes podem ser configuradas e armazenadas pelo software para cada tipo de aquisição. Uma vez configurada, uma definição de aquisição pode ser utilizada para adquirir dados sob o controlo do utilizador ou para adquirir dados sob o controlo programado do "temporizador".

A outra função principal do Software IPS-71 é a revisão de dados. Isto envolve a apresentação de dados de um ficheiro de aquisição de dados no ecrã e o fornecimento de métodos para interrogar os dados através do rato.

Existem outras funções do Software que permitem o controlo e a calibração do hardware, bem como o controlo do funcionamento do próprio Software.

Método de som (Alterna 2 opções):

a) **FMCW**. Por vezes referido como "chirp". Esta técnica de onda contínua modulada em frequência (FMCW) de baixa potência oferece excelentes rácios sinal/ruído, com interferência mínima. É adequada para sondagem oblíqua e para sondagem quase vertical bi-estática.

b) **Pulsado**. Este modo de alta precisão utiliza impulsos muito curtos (tipicamente 40-60ps) e é ideal para Sondagens Verticais, especialmente para Sondagens Doppler, de Fase e de Ângulo de Chegada. O modo pulsado também pode ser utilizado em Sondagens Oblíquas.

Gama de frequências - De (Entrada numérica-decimal):

A frequência mais baixa para o som, em MHz.

Gama de frequências - Até (Entrada numérica-decimal):

A frequência mais elevada para o som, em MHz.

Passo de frequência (alterna entre 6 opções):

A separação entre as frequências nominais em que a unidade soa. As opções são:

12,5, 25, 50, 100, 200 e 400 kHz.

Se a opção FMCW Oblique Acquisition (Aquisição Oblíqua FMCW) tiver sido selecionada, o parâmetro Frequency Step (Passo de Frequência) especifica a Sweep Rate (Taxa de Varrimento). As taxas de varrimento disponíveis são 100kHz/seg, 250kHz/seg e 500kHz/seg.

Banned Frequency List (Lista de frequências proibidas) (Alterna todos os ficheiros.FRQ):

Esta opção seleciona um ficheiro ASCII que contém uma listagem de todas as frequências e segmentos de frequência proibidos. Todos estes ficheiros têm o sufixo .FRQ e estão armazenados no mesmo diretório que o IPS71.EXE. O IPS-71 não transmitirá nessas frequências e não armazenará dados para essas frequências. O utilizador deve criar uma lista apropriada, chamada BANNED.FRQ, usando um editor de texto simples. Outro ficheiro chamado NOBANNED.FRQ deve ser configurado, sem quaisquer frequências listadas, para uso quando é necessária uma varredura ininterrupta.

Intervalo de altura/atraso (Alterna 2 opções):

Este parâmetro controla o intervalo de altura dos dados adquiridos e apresentados. Existem 2 opções:

75 a 842 km em utilização normal

75 a 1609 km, uma gama alargada para estudos a baixa latitude e

para observar múltiplos saltos adicionais, etc.

Resolução em altura:

Este parâmetro é utilizado para determinar se são adquiridos 256 ou 512 bins de gama de dados aquando da aquisição de dados convencionais.

Tipo de incidência (apenas informação):

Oferece ao utilizador a opção de escolher entre:

- Sonda de Incidência Vertical (VIS)
- Sondagens de Incidência Vertical e Oblíqua Combinadas (V/OIS)
- Receção oblíqua (Rx)
- Transmissão oblíqua (Tx)

Quando em modo Rx oblíquo, o local do transmissor pode ser alternado entre os nomes das estações transmissoras disponíveis, conforme especificado no ficheiro de texto TXLIST.DAT definido pelo utilizador. (Um ficheiro de texto ASCII). Esta função permite ao utilizador selecionar rapidamente o atraso correto do recetor a ser utilizado para cada estação nomeada no ficheiro TXLIST.DAT. O atraso é calculado automaticamente a partir dos parâmetros de localização da estação e é utilizado como atraso predefinido. Os utilizadores podem modificar o atraso calculado de acordo com as suas preferências. Se não for necessário o nome da estação de TX, a seleção "delay only" permite apenas a introdução manual.

O ficheiro TXLIST.DAT pode ser modificado pelo utilizador, de modo a que possam ser acrescentados novos nomes de estações. Este ficheiro de teste simples encontra-se no diretório executável do IPS71 e as instruções completas estão incluídas no ficheiro de amostra fornecido com o(s) disco(s) de distribuição.

2.4. Aquisição

Quando a sonorização é feita em modo manual (quando o Temporizador não está ativado), os parâmetros de uma Definição podem ser alterados imediatamente antes de uma Sonorização Simples. No entanto, quaisquer alterações que tenham sido efectuadas são automaticamente perdidas e repostas para os valores de Definição existentes quando a próxima sonorização é iniciada. Não existe, obviamente, uma capacidade semelhante no Modo de Temporizador. O procedimento para configurar as Definições de Aquisição e os significados dos vários parâmetros serão descritos abaixo para cada tipo de sondagem. Um exemplo da folha de configuração do IPS-71 para a janela DEFINIÇÕES encontra-se no Anexo A. Esta folha deve ser utilizada para sincronizar as operações entre dois locais de sondagem oblíqua.

Esta opção é utilizada para produzir uma Aquisição de Dados iniciada pelo utilizador. Segue-se uma breve explicação de cada tipo de ionograma:

Ionograma convencional: Isto produzirá um Ionograma que apresenta a Altura Virtual versus a Frequência. A Amplitude Recebida é indicada pela cor.

Ionograma Doppler: Isto produzirá um Ionograma que apresenta a Altura Virtual versus a Frequência, com a Amplitude recebida ou o Desvio Doppler a ser indicado por cor. Também produz um visor no lado direito do ecrã que apresenta a Altura Virtual versus o Desvio de Doppler, com a Amplitude indicada por cor.

Modo de vigilância: Este modo produz uma visualização do espetro de RF (mostrando a amplitude versus a frequência) e pode ser utilizado para identificar a ocorrência de ruído que possa estar a afetar os ionogramas ou as comunicações.

Sondagem de altura de fase: As Sondagens em Altura de Fase são apresentadas numa pequena janela no lado direito do ecrã, semelhante à Janela Doppler. A Mudança de Fase do sinal recebido é apresentada utilizando cores para indicar as várias Fases versus Alcance (eixo vertical) e Frequência (eixo horizontal). A sondagem de fase é uma caraterística padrão da Ionossonda Digital Avançada IPS-71.

Sondagem Sky Map: As Sondagens Sky Map são uma caraterística "opcional" do IPS-71. Requerem um sistema de antena especial que pode medir o ângulo e a direção de chegada dos ecos ionosféricos recebidos. Também é necessário um software especial do IPS-71 para esta opção. Os dados do Mapa do Céu são apresentados numa grelha de mapa do céu, com a Ionosonda no centro. A grelha mostra as direcções Norte, Sul, Este e Oeste, juntamente com círculos concêntricos que indicam os ângulos em que os ecos são recebidos.

Sondagem oblíqua

O IPS-71 pode ser fornecido com uma "Opção de Sonda Oblíqua".

Se esta opção for instalada na sua Ionosonda IPS-71, consistirá em (1) Módulo de Temporização GPS, (2) Atualização Oblíqua para a Placa de Interface Digital e (3) Software de Sondagem Oblíqua.

Módulo de temporização GPS

Este módulo é um Recetor GPS que monitoriza até 12 satélites GPS em qualquer altura e que envia um impulso analógico e dados digitais para o IPS-71. O Recetor GPS é alimentado por uma tomada autónoma (12V 1Amp).

As ligações ao IPS-71 são (1) analógicas através de um pequeno conetor coaxial na placa de interface digital Oblique no PC e (2) digitais (série) através de um conetor de 25 pinos na porta série COM2 do PC.

O recetor GPS à prova de intempéries deve ser montado externamente, com uma visão clara da maior área possível do céu, para que possa "ver" o número máximo possível de satélites (normalmente 4 ou 5 satélites).

Atualização oblíqua para placa de interface digital

Se a Opção de Sondagem Oblíqua for adquirida com o IPS-71, então a Placa de Interface Digital será o modelo especial que inclui um microprocessador adicional para monitorizar o Recetor GPS, processar a informação de cronometragem GPS e manter a exatidão de cronometragem precisa que é necessária para a sincronização das ionosondas oblíquas. Não são necessários procedimentos de configuração adicionais para o utilizador quando este cartão é instalado. O endereço desta placa está atualmente "ligado" a 320 HEX, o mesmo que o da placa padrão.

Software de sondagem oblíqua

O Software de Sondagem Oblíqua funciona exatamente da mesma forma que o Software de Sondagem de Incidência Vertical. As estruturas dos ficheiros são idênticas. A sondagem oblíqua só é efectuada no modo de aquisição "Convencional".

O software reconhece automaticamente que os dados se referem a um ionograma "oblíquo" porque as definições de sincronização teriam sido invocadas ao selecionar o TIPO DE INCIDÊNCIA em Tools-Acquisition Defs-Incidence Options (por exemplo, Oblique Rx). NOTA: Esta definição oblíqua só pode ser invocada no modo TIMER, porque os ionogramas iniciados manualmente não ocorreriam com precisão temporal suficiente.

Os ionogramas de incidência vertical têm como eixo vertical os "quilómetros". Os ionogramas oblíquos têm como eixo vertical os "milissegundos".

Dado que a separação entre locais para os ionogramas oblíquos pode variar de apenas alguns quilómetros, para a sondagem quasivertical, até alguns milhares de quilómetros, é necessário definir um "desvio temporal", em microssegundos, de modo a que os ecos recebidos apareçam numa localização conveniente no ionograma oblíquo adquirido. Por exemplo, para trajectos curtos a médios, a camada E de um salto pode ser localizada aproximadamente abaixo do intervalo de atraso de 1 milissegundo.

O "desvio temporal" selecionado manualmente é registado no cabeçalho de cada ionograma oblíquo, pelo que é uma função simples calcular o atraso temporal absoluto adicionando o "desvio temporal" e o intervalo de atraso temporal medido no ionograma. Quando 2 IPS-71 separados são operados no mesmo local, este "desvio de tempo" é fixado em zero, para obter ionogramas idênticos.

A compensação de tempo também pode ser calculada automaticamente a partir das informações da estação transmissora fornecidas pelo utilizador. Consulte a descrição da Opção de Tipo de Incidência na Secção 6.1.1.13 Definições - Configuração dos Parâmetros de Sondagem/Aquisição para obter mais informações.

A sondagem ionosférica oblíqua exige a sincronização de pelo menos dois sítios. Estes sítios devem estar sincronizados em termos de tempo e frequência. Ambos os sítios devem ter uma precisão de sincronização que pode ser ajustada para uma precisão de alguns microssegundos.

2.5. Escalonamento

Para iniciar o escalonamento

Para iniciar o escalonamento, os parâmetros escalonados devem ser apresentados na janela de dados à direita do ionograma propriamente dito.

Se forem apresentados outros parâmetros do ionograma, localizar o item de menu "Parâmetros escalonados", como mostrado na Figura 16, clicando repetidamente com o botão direito do rato. Em seguida, clicar neste item de menu com o botão esquerdo do rato fará aparecer os parâmetros graduados na janela do lado direito.

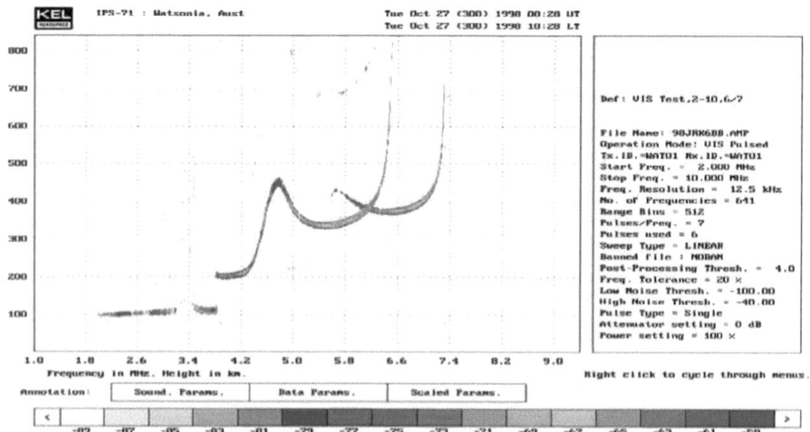

Figura 16: Apresenta o ecrã do IPS-71, com o item de menu "Scaled Parameters", antes de clicar com o botão esquerdo do rato sobre ele.

Uma vez visualizados os parâmetros escalonados, clicar com o botão esquerdo do rato em qualquer um dos parâmetros, irá realçar esse parâmetro, carregar todos os itens de escalonamento e permitir o escalonamento.

O ecrã de escala

O ecrã de escala é apresentado na Figura 17.

- O parâmetro selecionado a ser escalado é realçado.
- Existe um ecrã *de "estado"* na parte inferior da janela de dados
- Existem vários *"botões"* por baixo do Ionograma.
- Há uma indicação do local onde os dados escalados também estão a ser escritos.

Estes elementos são agora descritos

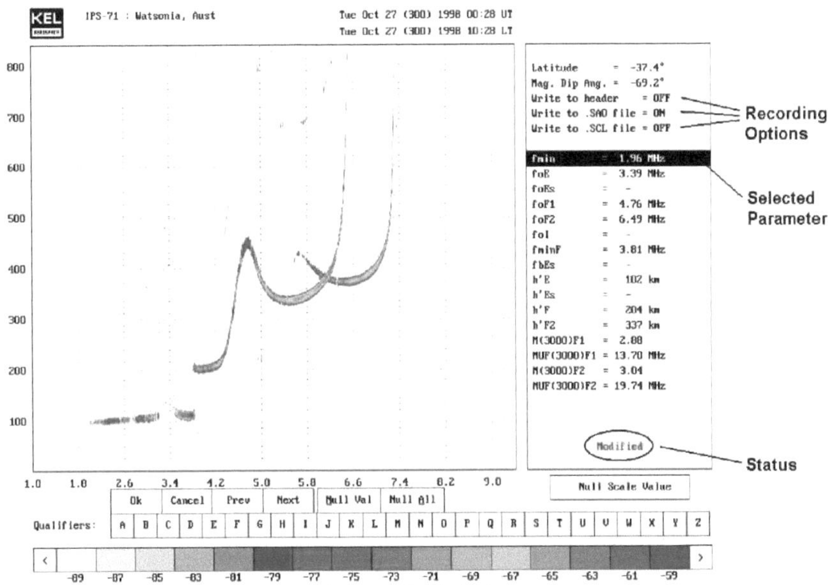

Figura 17: Ecrã de escala

Parâmetro selecionado

O parâmetro selecionado é realçado. Para alterar o valor deste parâmetro, clique com o botão esquerdo do rato na área do Ionograma ou clique num dos botões Null Val. Os qualificadores podem ser introduzidos para o parâmetro, quer a partir do teclado, quer com o rato, utilizando o menu de qualificadores.

Para selecionar um novo parâmetro, clique no parâmetro pretendido com o rato ou selecione-o utilizando o teclado.

Ecrã de estado

O ecrã de estado apresenta o estado da escala
informações. O quadro seguinte apresenta pormenorizadamente o estado
e os seus significados.

Status	Meaning
blank	Ionogram is unaltered
Scaling Disabled	All of the "Write Scaled Data" options are disabled. Ionogram cannot be scaled unless the scaled data can be written to a file.
Qualifiers Disabled	Only Ionogram header writing is Enabled (Both SCL, and SAO are disabled). Ionogram headers do not support Qualifiers.
Modified	The Ionogram presently being scaled has had one or more scaled parameters altered.
View Only	An Ionogram has been modified, and another Ionogram has been selected, no modifications can be made to this Ionogram, until the scaled data for the previously modified Ionogram is either saved, or canceled.

Botões

Os botões abaixo do ecrã principal do ionograma podem ser utilizados para executar várias tarefas.

As letras qualificadoras **A-Z** permitem a introdução de um qualificador.

"**Ok**", guarda os novos parâmetros de escala no disco e, em seguida, carrega o próximo Ionograma.

"Prev" e **"Next"** carregam o Ionograma anterior e seguinte, a partir do disco.

"Valor Nulo" define o parâmetro atualmente selecionado como Valor Nulo.

"Null all" define todos os parâmetros para o valor Null.

Dado que a separação entre locais para os ionogramas oblíquos pode variar de apenas alguns quilómetros, para a sondagem quasivertical, até alguns milhares de quilómetros, é necessário definir um "desvio temporal", em microssegundos, de modo a que os ecos recebidos apareçam numa localização conveniente no ionograma oblíquo adquirido. Por exemplo, para trajectos curtos a médios, a camada E de um salto pode ser localizada aproximadamente abaixo do intervalo de atraso de 1 milissegundo.

O "desvio temporal" selecionado manualmente é registado no cabeçalho de cada ionograma oblíquo, pelo que é uma função simples calcular o atraso temporal absoluto adicionando o "desvio temporal" e o intervalo de atraso temporal medido no ionograma. Quando 2 IPS-71 separados são operados no mesmo local, este "desvio de tempo" é fixado em zero, para obter ionogramas idênticos.

A sondagem ionosférica oblíqua exige a sincronização de pelo menos dois sítios. Estes sítios devem estar sincronizados em termos de tempo e frequência. Ambos os sítios devem ter uma precisão de sincronização que pode ser ajustada para uma precisão de alguns microssegundos.

2.6. Estruturas de dados

O software SMARTIST III, quando utilizado no seu modo normal, tem a capacidade de produzir três ficheiros de saída. Estes ficheiros têm as extensões .SCL, .POL e .TRC, e contêm os parâmetros escalados, a saída SMARTPOL e os dados de rastreio esqueletizados, respetivamente. Estes ficheiros contêm caracteres ASCII e o seu formato é apresentado a seguir. Estes ficheiros podem ser facilmente acedidos utilizando um dos muitos editores disponíveis, incluindo o DOS EDIT.

O ficheiro .SCL

O ficheiro .SCL tem o seguinte formato:

Parâmetros escalados para o ficheiro C:\71data\2010\OCT\19\93JJA384.AMP

Hora do som = 19 de janeiro 00:15:00 2010 UT

ID da estação = BPL

Nome da estação = Bhopal, (1/22/10)

Número de série da ionossonda =

F MUF. = -

E MUF. = -

fxI = -

YmE = -

YmF1 = -

YmF2 = -

hmE = -

hF1 = -

fmin = 2.05 MHz

foE = -

foEs = -

foF1 = -

foF2 = 4.60 MHz

foI = 5.70 MHz

fminF = 2.05 MHz

fbEs = -

h'E = -

h'Es = -

h'F = 263.00 km

h'F2 = -

hmF2 = 321.50 km

M(3000)F1 = -

MUF(3000)F1 = -

M(3000)F2 = 3.30

MUF(3000)F2 = 15.20 MHz

Es =

O ficheiro .POL

O ficheiro .POL tem o seguinte formato:

18:48:39 2010 Dia 293

Parâmetros do pico da camada

Frequência crítica Altura do pico Altura da escala Altura da laje (até ao pico)

1.62 110.33 14.44 17.93

4.50 247.40 29.27 59.30

Perfil da densidade de electrões - 93 (Número de pares (altura-Ne))

Height	Elec. Den.	Freq	Height	Elec. Den.	Freq	Height	Elec. Den.	Freq
70.0	.3270E+02	.05	72.0	.5252E+02	.07	74.0	.8436E+02	.08
76.0	.1355E+03	.10	78.0	.2177E+03	.13	80.0	.3496E+03	.17
82.0	.5616E+03	.21	84.0	.9020E+03	.27	86.0	.1449E+04	.34
88.0	.2327E+04	.43	90.0	.3738E+04	.55	92.0	.6005E+04	.70
94.0	.9645E+04	.88	96.0	.1549E+05	1.12	98.0	.2488E+05	1.42
100.0	.2727E+05	1.48	102.0	.2939E+05	1.54	104.0	.3072E+05	1.57
106.0	.3170E+05	1.60	108.0	.3231E+05	1.61	110.0	.3255E+05	1.62
112.0	.3250E+05	1.62	114.0	.3230E+05	1.61	116.0	.3197E+05	1.61
118.0	.3153E+05	1.59	120.0	.3099E+05	1.58	122.0	.3037E+05	1.57
124.0	.2968E+05	1.55	126.0	.2839E+05	1.51	128.0	.2839E+05	1.51
130.0	.2839E+05	1.51	132.0	.2839E+05	1.51	134.0	.2839E+05	1.51
136.0	.2839E+05	1.51	138.0	.2839E+05	1.51	140.0	.2921E+05	1.53
142.0	.3013E+05	1.56	144.0	.3107E+05	1.58	146.0	.3201E+05	1.61
148.0	.3305E+05	1.63	150.0	.3424E+05	1.66	152.0	.3549E+05	1.69

154.0 .3679E+05 1.72 156.0 .3816E+05 1.75 158.0 .3960E+05 1.79

160.0 .4112E+05 1.82 162.0 .4271E+05 1.86 164.0 .4439E+05 1.89

166.0 .4616E+05 1.93 168.0 .4807E+05 1.97 170.0 .5004E+05 2.01

172.0 .5209E+05 2.05 174.0 .5421E+05 2.09 176.0 .5638E+05 2.13

178.0 .6073E+05 2.21 180.0 .6448E+05 2.28 182.0 .6822E+05 2.35

184.0 .7197E+05 2.41 186.0 .7579E+05 2.47 188.0 .7976E+05 2.54

190.0 .8408E+05 2.60 192.0 .8896E+05 2.68 194.0 .9438E+05 2.76

196.0 .1011E+06 2.85 198.0 .1084E+06 2.96 200.0 .1159E+06 3.06

202.0 .1236E+06 3.16 204.0 .1318E+06 3.26 206.0 .1413E+06 3.38

208.0 .1512E+06 3.49 210.0 .1624E+06 3.62 212.0 .1736E+06 3.74

214.0 .1856E+06 3.87 216.0 .1969E+06 3.99 218.0 .1972E+06 3.99

220.0 .2043E+06 4.06 222.0 .2109E+06 4.12 224.0 .2170E+06 4.18

226.0 .2226E+06 4.24 228.0 .2277E+06 4.28 230.0 .2323E+06 4.33

232.0 .2364E+06 4.37 234.0 .2400E+06 4.40 236.0 .2431E+06 4.43

238.0 .2457E+06 4.45 240.0 .2477E+06 4.47 242.0 .2493E+06 4.48

244.0 .2504E+06 4.49 246.0 .2510E+06 4.50 247.4 .2512E+06 4.50

262.4 .2381E+06 4.38 278.2 .2090E+06 4.11 294.9 .1750E+06 3.76

O FICHEIRO .TRC

O ficheiro .TRC tem o seguinte formato:

1,51

128,20,3

132,58,3

137,57,3

141,57,3

145,57,3

149,57,3

153,57,3

157,57,3

161,57,3

165,57,3

169,57,3

172,57,3

176,57,3

180,59,3

183,58,3

186,58,3

190,58,3

193,58,3

196,58,3

3. Estudo a curto prazo de Sporadic -E & Spread- F

3.1. Esporádico -E

Neste estudo estamos a discutir as observações iniciais efectuadas na estação de Bhopal. Abordámos principalmente a Es esporádica. Em primeiro lugar, mostrámos a variação mensal de Es na estação de Bhopal para o ano de 2010. De seguida, apresentámos a variação sazonal e horária de Es. Não dispomos de dados suficientes para o estudo de janeiro de 2010 e apenas dispomos de dados de 7 e 15 dias para os meses de fevereiro e março, respetivamente. Utilizámos os dados de janeiro de 2011 para efeitos do estudo completo.

O estudo do Sporadic-E divide-se essencialmente em quatro partes:

1. Variação mensal
2. Variação sazonal
3. Variação horária
4. Por hora - Variação sazonal

3.2. Variação mensal de Sporadic-E

A observação da variação mensal de Sporadic-E baseia-se nos dados horários obtidos a partir da ionossonda digital em Bhopal de janeiro de 2010 a janeiro de 2011, tendo sido calculada a média dos dados para obter a variação mensal. A percentagem de ocorrência de Esporádico-E é apresentada no Quadro-1.

Quadro 1

Months	Percentage occurrence
January	Nil
February	3.5%
March	3.2%
April	36.6%
May	58.08%
June	66.6%
July	61.2%
August	35.4%
September	26.6%
October	22.5%

November	16.6%
December	35.4%
January	25.8%

Observámos que no mês de junho a percentagem de ocorrência é máxima, ou seja, 66,6%, e mínima no mês de março, ou seja, 3,2%. (Figura 18)

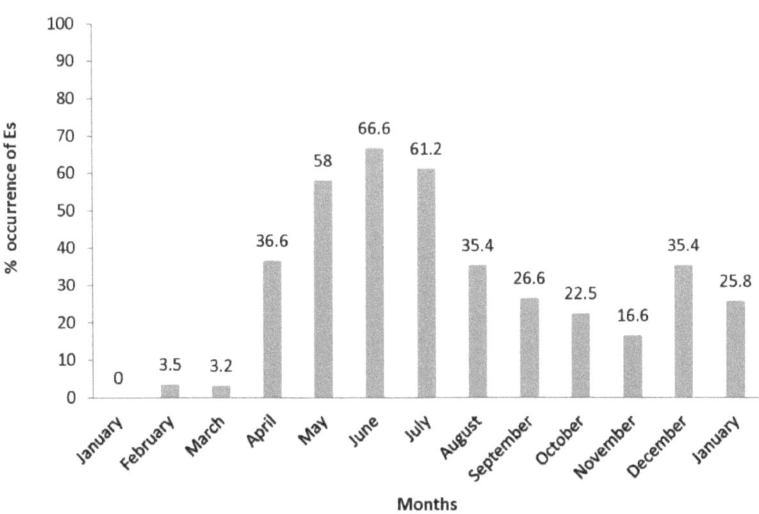

Figura 18: Apresentação gráfica da variação mensal de E. esporádica.

3.3. Variação sazonal de Sporadic-E

A observação da variação sazonal de Sporadic-E está dividida em três estações. Primeiro o verão (maio, junho, julho e agosto), segundo o inverno (novembro, dezembro, janeiro e fevereiro) e terceiro o equinócio (equinócio outonal - março e abril, e equinócio vernal - setembro e outubro). A percentagem de ocorrência de Esporádico-E é apresentada na Tabela-2.

Quadro 2

Seasons	Median
Summer	55.2%
Winter	20.6%
Equinox	22.13%

Depois de calcular a mediana, observámos que a mediana para a época de verão e a época do equinócio é mais elevada do que para a época de inverno (Figura 19).

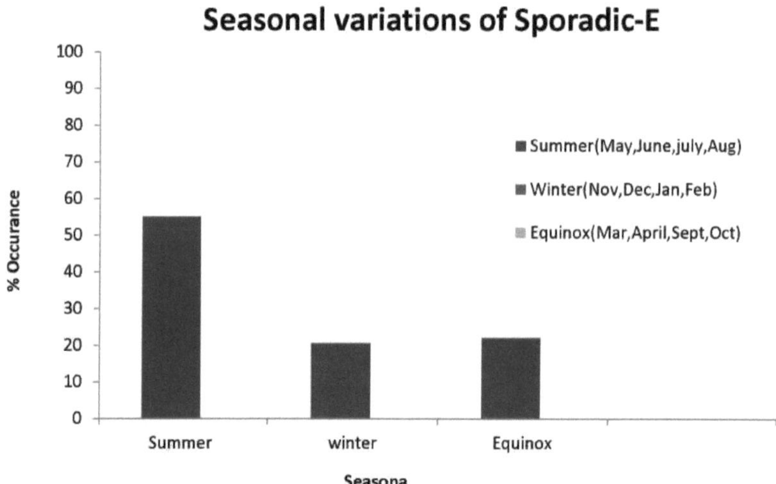

Figura 19: Apresentação gráfica da variação sazonal de casos esporádicos de E.

3.4. Variação horária de Sporadic-E

A observação das variações horárias do Sporadic-E baseia-se nos dados horários que são apresentados no Quadro 3.

Quadro 3

Hours in UT	Average value
00	1.5%
01	2.5%
02	2.16%
03	2.0%
04	1.0%
05	0.53%
06	0.53%
07	0.5%
08	0.53%
09	1.08%
10	2.5%
11	4.25%
12	5.0%
13	4.8%
14	4.16%
15	3.41%
16	2.08%
17	1.41%
18	1.25%
19	0.83%
20	0.53%
21	0.53%
22	0.53%
23	1.0%
24	-

Observámos que o Esporádico-E começa a formar-se durante a manhã (por volta das 02 UT) e aparece menos ao meio-dia e depois volta a aparecer durante a noite antes de desaparecer. As suas ocorrências mostram dois picos, um entre 01 - 04 UT e o outro entre 11 - 16 UT. (Figura 20)

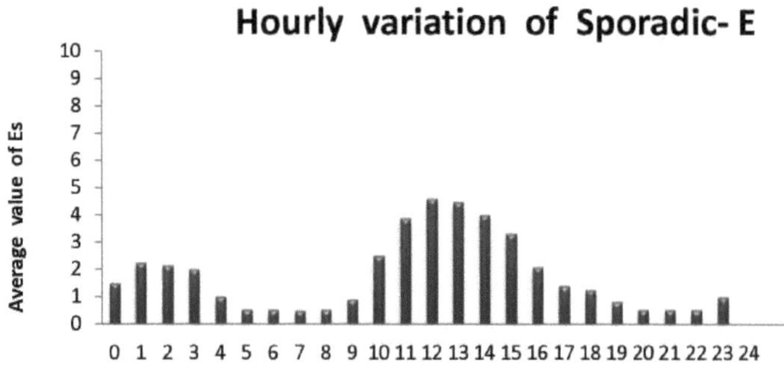

Figura 20: Apresentação gráfica da variação horária de E. esporádica.

3.5. Variação sazonal de Sporadic-E

As variações horárias - sazonais do Sporadic-E estão divididas em três estações. A primeira é o verão (maio, junho, julho e agosto), a segunda o inverno (novembro, dezembro, janeiro e fevereiro) e a terceira o Equinócio (Equinócio de outono - março e abril, e Equinócio Vernal - setembro e outubro). Época de verão.

Observámos o Sporadic-E 24 horas por dia durante a estação do verão. Nesta estação, observámos dois picos de E esporádico, o primeiro nas horas da manhã, por volta das 02 UT, cuja média máxima é de 6,75% e o segundo durante as horas da noite, por volta das 13 UT, cuja média máxima é de 9%. A Tabela 4 mostra a média diária do Sporadic-E na estação do verão.

Quadro 4

Hours in UT	Daily average
00	4.75%
01	6.75%
02	6.0%
03	5.25%
04	2.5%
05	1.75%

06	1.75 %
07	1.25%
08	1.75%
09	1.75%
10	2.75%
11	8.0%
12	8.75%
13	9.0%
14	8.75%
15	7.0%
16	4.5%
17	3.0%
18	3.25%
19	2.0%
20	1.25%
21	1.5%
22	1.7%
23	2.5%
24	-

Estação de inverno

Durante a estação de inverno, o Esporádico-E é observado apenas nas horas nocturnas. A E esporádica começa a aparecer por volta das 08 UT e o seu valor máximo observado é de 2,75% às 12 UT e desaparece às 18 UT. A Tabela 4 mostra a média diária de E-esporádico na estação de inverno.

Quadro 5

Hours in UT	Daily average
00	0.25%
01	0.0%
02	0.0%
03	0.0%
04	0.0%
05	0.0%
06	0.0%
07	0.25%
08	0.25%
09	0.5%
10	1.25%
11	1.5%
12	2.75%
13	2.25%
14	1.5%
15	1.25%
16	0.75%
17	0.5%
18	0.0%
19	0.0%
20	0.0%
21	0.0%
22	0.0%
23	0.0%
24	-

Época do Equinócio

Observámos que o Esporádico-E começa a formar-se durante as horas da manhã e desaparece totalmente ao meio-dia, aparecendo de novo durante as horas da noite antes de desaparecer novamente. O valor máximo de E-esporádico é de 2,25%, observado às 14 UT. A Tabela-6 mostra a média diária do Esporádico-E na estação do Equinócio. (Figura 21)

Quadro 6

Hours in UT	Daily average
00	0.25%
01	0.25%
02	0.5%
03	0.75%
04	0.5%
05	0.0%
06	0.25%
07	0.0%
08	0.0%
09	0.0%
10	0.5%
11	2.75%
12	3.0%
13	3.0%
14	2.25%
15	2.25%
16	0.25%
17	0.75%
18	0.5%
19	0.25%

20	0.5%
21	0.25%
22	0.0%
23	.5%
24	-

Variações sazonais de E esporádico

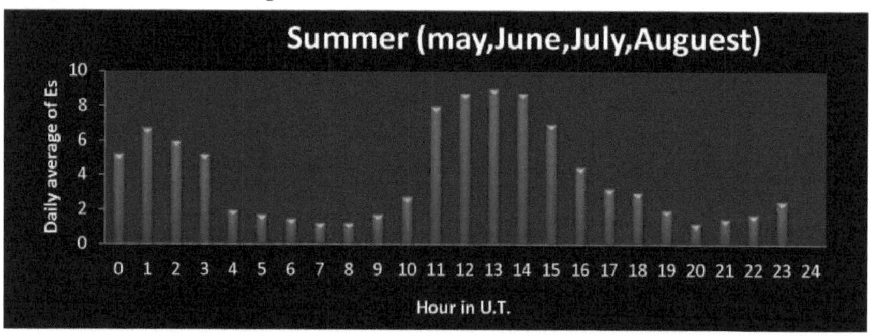

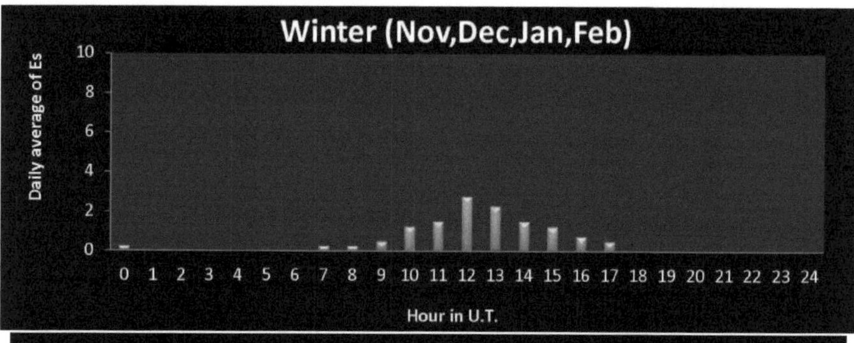

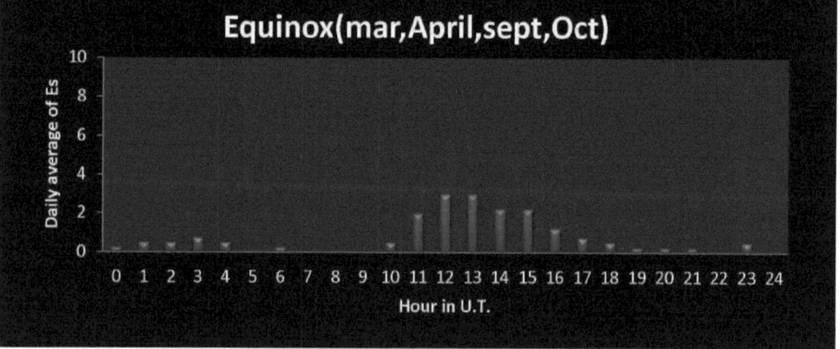

Figura 21: Apresentação gráfica da variação sazonal horária de E. esporádica.

3.6. Discussão e conclusão

O presente estudo analisou a ocorrência horária, mensal e sazonal de esporádicos-E numa estação de anomalias da crista equatorial em Bhopal. De acordo com a nossa observação, a percentagem máxima de ocorrência de Esporádico-E é observada entre os meses de maio e agosto, seguida de um pico secundário no mês de dezembro. A percentagem mínima de ocorrência é registada no mês de março. Cerca de 66% da ocorrência total de Es é registada em junho, em comparação com os outros meses. Isto pode dever-se ao facto de no solstício de junho haver radiações solares intensas, que resultam na formação de nuvens Es com forte ionização; esta ionização é altamente influenciada pelo fluxo de corrente para leste conhecido como electrojacto equatorial (EEJ). Na região da Índia, a ocorrência do contra-electrojacto é principalmente durante a tarde e sazonalmente máxima durante o solstício de junho.

A variação sazonal das foEs em Bhopal deve-se à radiação solar, que pode ser um fator importante de controlo da formação de Es. A percentagem máxima de ocorrência de Es observada na estação do verão com um pico secundário no equinócio é claramente notada. Cerca de 55% do total anual de ocorrência de Es teve lugar de maio a agosto. Isto pode ser explicado pelo efeito da revolução da Terra, em que a Terra está virada para o Sol durante o máximo de tempo, recebendo assim mais radiação solar, o que afecta os movimentos dos ventos.

A percentagem média horária de ocorrência da camada esporádica-E é caracterizada por dois máximos, por volta das 0200 - 0300 UT de manhã e das 1300 UT ao fim da tarde, tanto no verão como no equinócio. Mas a ocorrência mais pronunciada de Es é registada durante os meses de verão, em comparação com os outros meses de inverno e equinócio. Os dois máximos de Es são observados durante o verão e menos durante o equinócio e apenas um único pico durante o inverno. Esta caraterística de duplo máximo pode dever-se à predominância do modo de maré semidiurno no vento zonal nas alturas da região E.

O presente estudo baseia-se nos dados de variação horária, mensal e sazonal da ionossonda digital na região da crista de anomalia de Bhopal de janeiro de 2010 a dezembro de 2010. O resultado aumentará a nossa compreensão e conhecimento, especialmente na E esporádica. Foi efectuada uma análise estatística da E esporádica. Os principais resultados estatísticos são os seguintes: A probabilidade de ocorrência desta camada é mais elevada no solstício de verão, moderada durante o equinócio e baixa durante o solstício de inverno (Anthes et al 2008, Christakis, N et al 2009 e C. Jacobi, C et al 2013). Os picos de ocorrência notáveis aparecem de junho a julho no verão e de dezembro a janeiro no inverno. A ocorrência da camada mostrou uma variação de pico duplo com grupos de camadas distintos, de manhã (00 - 03 UT) e o outro durante a noite (11 - 14 UT). A descida da camada de manhã foi associada ao aumento da densidade da camada, indicando o fortalecimento da camada, enquanto diminuiu durante a descida da camada da noite. O resultado indica a presença de maré semi-diurna sobre o local, enquanto as velocidades de descida mais elevadas podem ser devidas à modulação da ionização por ondas de gravidade juntamente com as marés (Hafsa Siddiqui, 2011, Dunker, T et al, 2013, Haldoupis, C et al 2011e Liu, H et al 2008). As irregularidades associadas à instabilidade gradiente-deriva desaparecem durante o contra-electrojacto e o fluxo de corrente é invertido para oeste.

3.7. Variação mensal do Spread-F

A observação da variação mensal do Spread-F baseia-se nos dados horários obtidos da Ionosonda Digital em Bhopal de janeiro de 2010 a janeiro de 2011, que são obtidos pela variação mensal em termos de ocorrência percentual (Purushottam Bhawre, 2013, Kachneria Varsha 2011, Abdu et al 2000. A percentagem de ocorrência de Spread-F é apresentada no Quadro 7.

Quadro 7

Months	Percentage occurrence
January	Nil
February	Nil
March	3.2%
April	20%
May	67.74%
June	66.66%
July	51.61%
August	19.35%
September	16.66%
October	6.45%
November	3.33%
December	3.22%
January	9.67%

Observamos que no mês de maio a percentagem de ocorrência é máxima, ou seja, 67,74%, e em dezembro e março a percentagem de ocorrência é mínima, ou seja, 3,22%. (Figura 22)

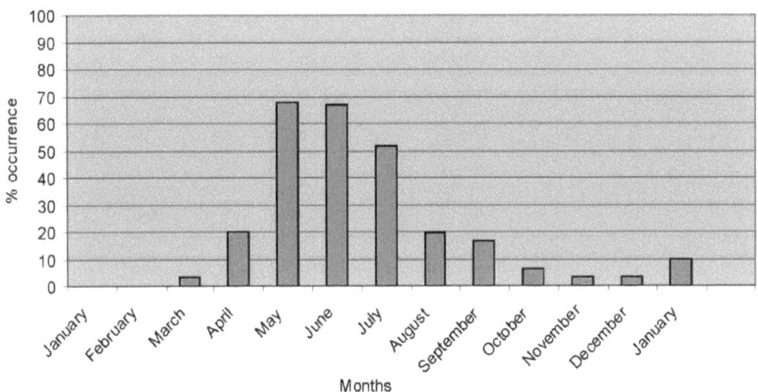

Figura 22: Apresentação gráfica da variação mensal do spread-F

3.8. Variação sazonal do Spread-F

A observação da variação sazonal do Spread-F está dividida em três estações. A primeira estação de verão (maio, junho, julho e agosto), a segunda estação de inverno (novembro, dezembro, janeiro e fevereiro) e a terceira estação do equinócio (março e abril e setembro e outubro). A percentagem de ocorrência de Spread-F é apresentada na Tabela-8.

Quadro 8

Seasons	**Median**
Summer	51.34%
Winter	5.40%
Equinox	11.58%

Após o cálculo da mediana, verificámos que a mediana para o verão e o equinócio é mais elevada do que para o inverno. (Figura 23)

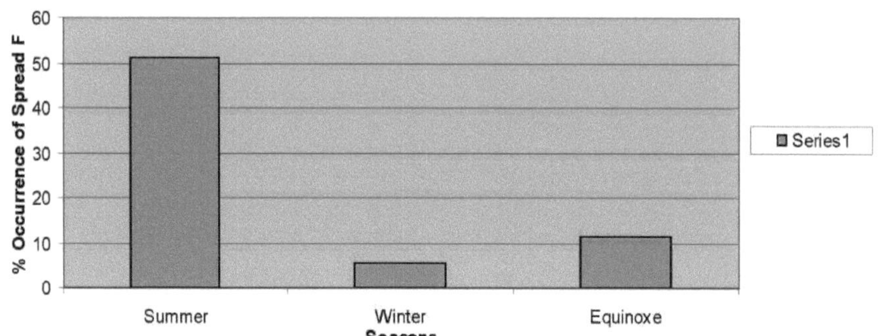

Figura 23: Apresentação gráfica da variação sazonal do spread-F

Variação horária do Spread-F

As observações relativas às variações horárias do Spread-F baseiam-se nos dados horários que são apresentados no Quadro 9.

Tabela-9

Hours in UT	Average value
00	0.25%
01	0.08%
02	-
03	-
04	-
05	-
06	-
07	-
08	-
09	-
10	-

11	-
12	-
13	-
14	-
15	0.16%
16	1%
17	3.41%
18	4.75%
19	5.25%
20	4.5%
21	3.33%
22	2.83%
23	1.75%
24	-

Observámos que a camada começou a subir por volta das 17 horas UT; a altura da camada atingiu o valor máximo de pico às 19 horas UT. (Figura 24)

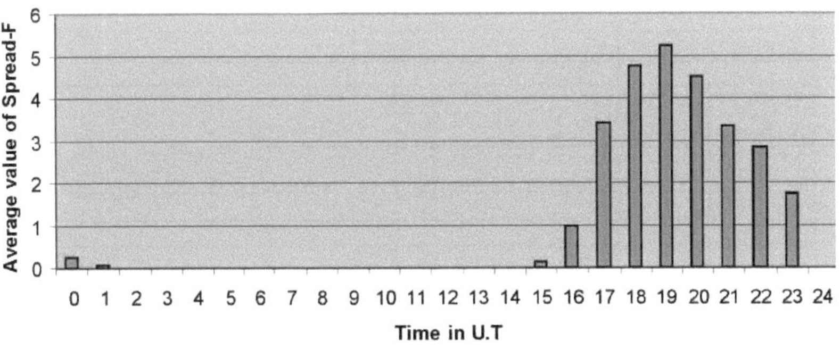

Figura 24: Apresentação gráfica da variação horária do spread-F.

3.9. Variação sazonal horária do Spread-F

As variações horárias - sazonais do Spread-F estão divididas em três estações. O primeiro verão (maio, junho, julho e agosto), o segundo inverno (novembro, dezembro, janeiro e fevereiro) e o terceiro equinócio (equinócios outonais - março e abril, e equinócio vernal - setembro e outubro). Tabela 10,

Tabela - 10

Hours in UT	Daily average (summer)	Daily average (winter)	Daily average (Equinoxes)
00	0.5	0.33	0
01	0	0.33	0
02	0	0	0
03	0	0	0
04	0	0	0
05	0	0	0
06	0	0	0
07	0	0	0
08	00	0	0
09	0	0	0
10	0	0	0
11	0	0	0
12	0	0	0
13	0	0	0
14	0	0	0
15	0	0.66	0
16	4.5%	0.66	0
17	3.0%	0.66	1.75
18	3.25%	0.66	2.5
19	2.0%	0.66	2

20	1.25%	0.66	1
21	1.5%	1	0.25
22	1.7%	1	0.5
23	2.5%	0.33	0
24	-	-	-

Observamos que o Sp-F começa a formar-se durante as horas nocturnas (por volta das 15 UT) e persiste até à 01UT. No verão, o Sp-F ocorre principalmente das 16UT às 00UT, com um valor máximo de 13,25% às 19UT. Nos equinócios, o Sp-F ocorre principalmente das 17UT às 22UT, com um valor de pico de cerca de 2,5% às 18UT. Para o inverno, o Sp-F ocorre principalmente das 15UT às 01UT com um valor de pico, 1% é observado às 21UT e 22UT. (Figura 25)

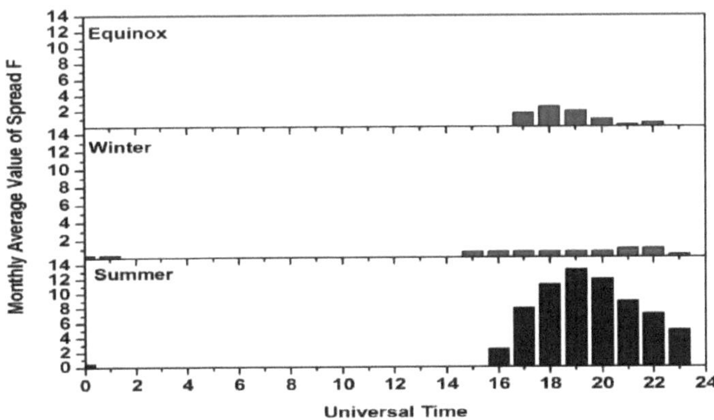

Figura 25: A apresentação gráfica da variação sazonal horária do spread-F

3.10. Discussão e conclusão

Os estudos das variações mensais e sazonais do spread-F sobre a estação de crista da anomalia equatorial, Bhopal. A percentagem máxima de ocorrência é observada em maio com 67,74% e o valor mínimo é encontrado duas vezes nos meses de dezembro e março com 3,22% entre todos os meses. O spread-F equatorial (ESF) é gerado principalmente pela instabilidade generalizada de Raleigh-Taylor (GRT) em conjunto com outros processos. A instabilidade forma irregularidades na camada F do lado inferior. A deriva E*B é o principal mecanismo para o desenvolvimento da ESF, aumentando diretamente a taxa de crescimento ou diminuindo indiretamente o efeito de colisão. Além disso, o vento neutro trans-equatorial pode desempenhar um papel importante na supressão da geração de ESF.

A ocorrência percentual sazonal dos diferentes meses da estação correspondente é avaliada a partir dos valores de ocorrência percentual para cada mês sazonal. A propagação da F ocorre mais no verão, com uma percentagem de ocorrência de 51,34%, e é menos pronunciada no equinócio, com 11,58%. A menor percentagem, de 5,40%, é observada no inverno. A variação sazonal da ocorrência do spread-F está relacionada com a velocidade de deriva vertical E*B. Além disso, uma maior velocidade de deriva ascendente nos meses de verão e de equinócio favorece a geração de spread-F.

A percentagem média horária de ocorrência de propagação-F é maioritariamente registada no período antes da meia-noite. Começa por volta das 15 horas UT e persiste até à 01 hora UT. O valor máximo é observado às 19 horas UT em todas as três estações. A variação sazonal horária revela um valor máximo de ocorrência de 13,25% às 19 horas UT e um valor mínimo de ocorrência de 0,5% no mês de verão. A percentagem de ocorrência varia entre 0,5-2,5% no mês do equinócio, com o valor máximo de 2,5% às 18 horas UT e o valor mínimo às 22 horas UT. Durante o inverno, o valor máximo de pico, 1%, é observado às 21 horas UT e às 22 horas UT. Durante a maior parte do tempo, verifica-se uma ocorrência consistente de propagação-F, com uma percentagem de ocorrência de 0,66%. A percentagem mínima de ocorrência é de 0,33%. Isto pode dever-se ao efeito de mecanismos químicos e à deriva E*B. A deriva E*B com uma velocidade ascendente suficientemente grande, um tempo de inversão mais tardio e uma velocidade descendente mais pequena no início da noite, nos meses de verão, proporcionam uma condição favorável ao desenvolvimento do spread-F. No que diz respeito à propagação-F no ionograma do lado inferior, parece que durante o período pós-pôr do sol, em que a propagação-F se manifesta normalmente no lado inferior íngreme da região F, a instabilidade de Raleigh-Taylor e a instabilidade de deriva, que é independente do campo elétrico, podem ser os mecanismos prováveis responsáveis pela geração de irregularidades.

As baixas latitudes são também marcadas por uma elevada incidência de Spread-F durante a noite. O Spread-F equatorial (ESF) está associado à elevação da região F após o pôr do sol. As irregularidades da densidade do plasma que abrangem uma vasta gama de tamanhos de escala, desde centenas de km até uma fração de metro, estão associadas ao fenómeno ESF. As estruturas de densidade do plasma dão igualmente origem a cintilações intensas das ondas de rádio que se propagam através da ionosfera. Durante os períodos magneticamente perturbados, a incidência de spread-F equatorial é geralmente inibida, embora alguns dos dias de tempestade magnética sejam marcados com intenso spread-F.

O estudo baseia-se nos dados de variação horária, mensal e sazonal da ionossonda digital na região da crista das anomalias de Bhopal, de janeiro de 2010 a dezembro de 2010; foi efectuada uma análise estatística das diferentes variações do spread-F. Os principais resultados estatísticos são os seguintes:

A percentagem de ocorrência desta camada é mais elevada no verão, moderada durante o equinócio e baixa durante o inverno. No verão, os picos de ocorrência são notáveis entre maio e junho. A ocorrência máxima de spread-F aparece antes da meia-noite, entre as 17 e as 22 horas UT. O tipo de frequência da propagação-F nos ionogramas equatoriais foi explicado como sendo devido à condução por irregularidades de ionização alinhadas com o campo espesso. A variabilidade durante as horas nocturnas é também contribuída pela variabilidade dos ventos neutros e da temperatura da termosfera.

4. Estudo a longo prazo de esporádicos -E e de propagação - F

4.1. Conjuntos de dados e fontes de dados

O estudo baseia-se nos dados do ionograma registados pela Ionosonda Digital IPS-71 instalada sobre a região da crosta de anomalias de Bhopal (Geo.Lat.23.2° N, Geo. Long77.4° E, Dip latitude18.4°) durante um período de quatro anos, de janeiro de 2007 a dezembro de 2010, abrangendo a fase final do ciclo solar 23 e a fase inicial do ciclo solar 24. Este período específico é considerado muito adequado para examinar o número de manchas solares e abrange períodos de baixa atividade solar. Os ionogramas trimestrais são analisados durante 24 horas durante estes anos de estudo e foram cuidadosamente examinados para registar a presença de propagação-F e esporádica-E, como apresentado por (Purushottam Bhawre, 2013, Whitehead et al, 1989, Booker et al 1938 e Abdu et al 2000). Além disso, anotamos as actividades meteorológicas espaciais que acompanham o estudo.

Para este estudo, utilizámos conjuntos de dados espaciais e terrestres provenientes de várias fontes; utilizámos os dados meteorológicos espaciais da rede Omini com resoluções médias diárias. Os conjuntos de dados Sporadic-E e Spread-F foram utilizados a partir da iononda IPS-71 concebida pela KEL e instalada sobre a estação de crista de anomalias, Bhopal, (Índia). O campo magnético interplanetário tem três componentes Bx, By e Bz. Os dados sobre o vento solar consistem em vários parâmetros, como a velocidade do vento solar (Vsw), a densidade protónica do vento solar (Nsw), a temperatura do vento solar (Tsw) e a pressão do vento solar. O estado da magnetosfera é descrito por um certo número de actividades magnéticas, especificamente dirigidas tanto para as latitudes baixas como para as altas. Neste estudo, considerámos apenas o índice de electrojacto auroral (AE) com uma resolução média diária. O índice de tempo de tempestade perturbada (Dst) também foi utilizado para caraterizar a intensidade da tempestade. O número de manchas solares (Rz) e o fluxo solar (F10.7) descrevem as actividades solares, pelo que consideramos as condições solares.

Os estudos dividem-se essencialmente em quatro partes, com actividades espaciais e geomagnéticas durante esses períodos.

- Variação mensal
- Variação anual
- Variação sazonal

4.2. Condições geomagnéticas

Para a ocorrência de propagação - F e Esporádico - E, observámos o parâmetro meteorológico espacial apresentado na figura 26.

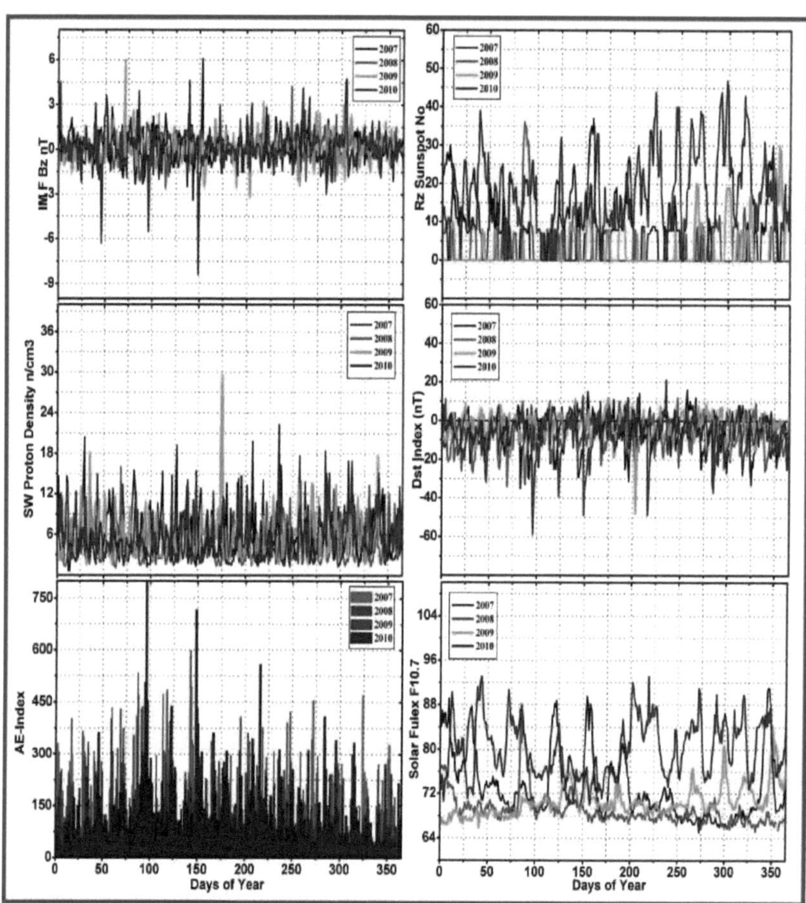

Figura 26: Variação do parâmetro Space Weather

De acordo com a figura 26, observamos que a atividade do índice do electrojacto auroral (índice AE) é baixa (~ 600) no ano de 2007 e foi quase em 2010 (~ 800). É sabido que o ano de 2007 foi o mínimo solar do ciclo solar 23 e o ano de 2010 foi o período de início do ciclo solar 24. Para a análise das condições do vento solar durante este período, observámos a densidade mínima de protões do vento solar em 2007 (~ 20 n/cm3) e a máxima em 2010, em comparação com 2008 e 2009, o que depende das actividades solares. No que respeita ao estado do campo geomagnético durante o período de estudo, verificámos que a perturbação mínima do campo magnético interplanetário ocorreu em 2007 e aumentou ligeiramente com a atividade solar, tendo o campo magnético sido elevado em 2010, em comparação com 2008 e 2009. O fluxo solar 10.7 é uma medida do nível de ruído gerado pelo Sol num comprimento de onda de 10,7 cm na órbita da Terra, que também depende do ciclo solar, pelo que se observou um valor baixo em 2007 e um valor máximo em 2010. O tempo de tempestade perturbada também denotou o mínimo em 2007, durante o período de baixa atividade solar e o máximo em 2010, Os números de manchas solares são fenómenos temporários na fotosfera do Sol que aparecem visivelmente como manchas escuras em comparação com as regiões circundantes. São causadas por uma intensa atividade magnética, que inibe a convecção por um efeito comparável ao do travão das correntes de Foucault, formando zonas de temperatura superficial reduzida. Durante a baixa atividade solar, o número de manchas solares também diminui, tendo sido observado um mínimo em 2007, e também aumenta com a atividade solar, tendo sido observado um máximo em 2010, o que é claramente visível na figura 26. Estes são os parâmetros que definem o estado do clima espacial e geomagnético. Dependem também dos períodos do ciclo solar.

4.3. Variação mensal do Sporadic-E e do Spread-F

Os dados são analisados para a variação mensal de esporádico - E e spread-F em termos de ocorrência diária, o que é claramente mostrado nas figuras 27 e 28. De acordo com a Figura 27, observou-se uma atividade máxima de Esporádico - E no mês de maio a agosto entre 2007 e 2010, a ocorrência de Esporádico - E diminui com o aumento da atividade solar, a ocorrência de Esporádico - E foi notada no máximo durante o ano de baixa atividade solar de 2007 e diminuiu no período de atividade solar de 2010 (Liu et al, 2008).

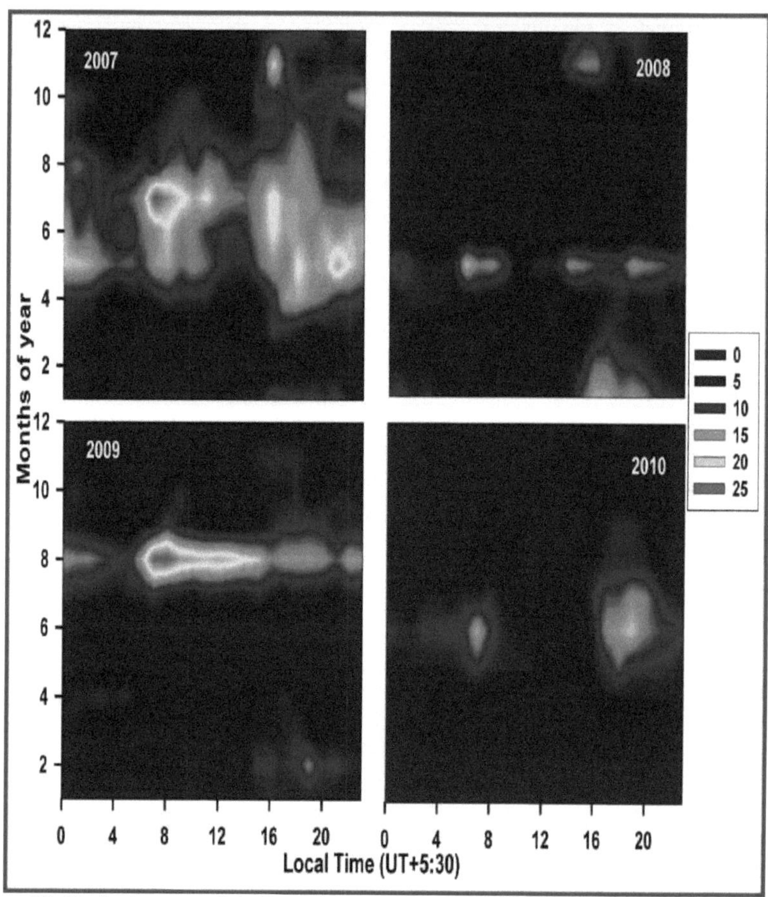

Figura 27: Variação mensal de Esporádico - E durante os ciclos solares 23 e 24 na região da crista da anomalia Bhopal

Os dados dos quatro anos analisados também para o Spread - F em termos de ocorrência mensal, verificamos que a ocorrência máxima do Spread -F decorre no mês de verão de maio a agosto entre os anos de 2007 a 2010. Este facto é bem visível na Figura 28. A ocorrência do Spread - F também depende dos ciclos solares, como se pode ver claramente na figura, a ocorrência máxima do Spread - F é obtida no período de baixa atividade solar de 2007, em comparação com 2008, 2009 e 2010.

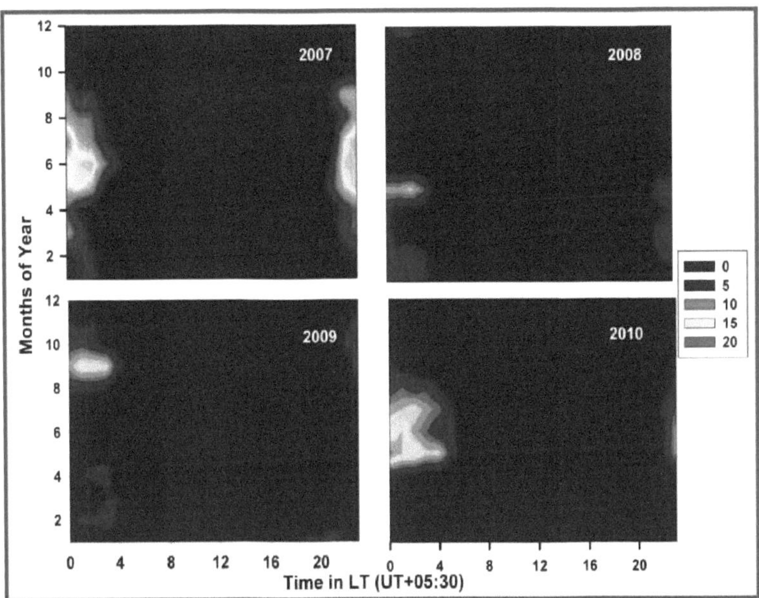

Figura 28: Variação mensal de Spread - F durante os ciclos solares 23 e 24 sobre a região da crista da anomalia Bhopal.

4.4. Ocorrência anual de esporádico-E e disseminado-F

A análise dos dados dos ionogramas numa base diária para o estudo da ocorrência anual de Esporádicos - E e Espalhados - F, que é claramente mostrada na Figura 29 e na Figura 30. Verificamos que durante os anos de baixa atividade solar de 2007, a ocorrência de esporádicos - E foi máxima e diminui gradualmente com a atividade solar. Em geral, as actividades esporádicas - E foram observadas durante todo o ano e em muitos dias ao longo dos períodos de observação. A figura 29 mostra a ocorrência anual de E esporádica.

Os conjuntos de ionogramas também analisaram o Spread - F e observamos que a ocorrência máxima de Spread - F em 2008 e 2009, que foi o período de atividade solar muito baixa, em comparação com 2007 e 2010, que é mostrado na Figura 30, esta análise sugere que pelo menos alguma ocorrência de Spread - F está intimamente ligada a algum tipo de atividades solares que é mais ativo em regiões longe da mancha solar, se algum constituinte do vento solar é responsável por suas partículas leva cerca de três dias para chegar nas proximidades da Terra, produzindo na chegada tanto a atividade spread - F e atividade geomagnética.

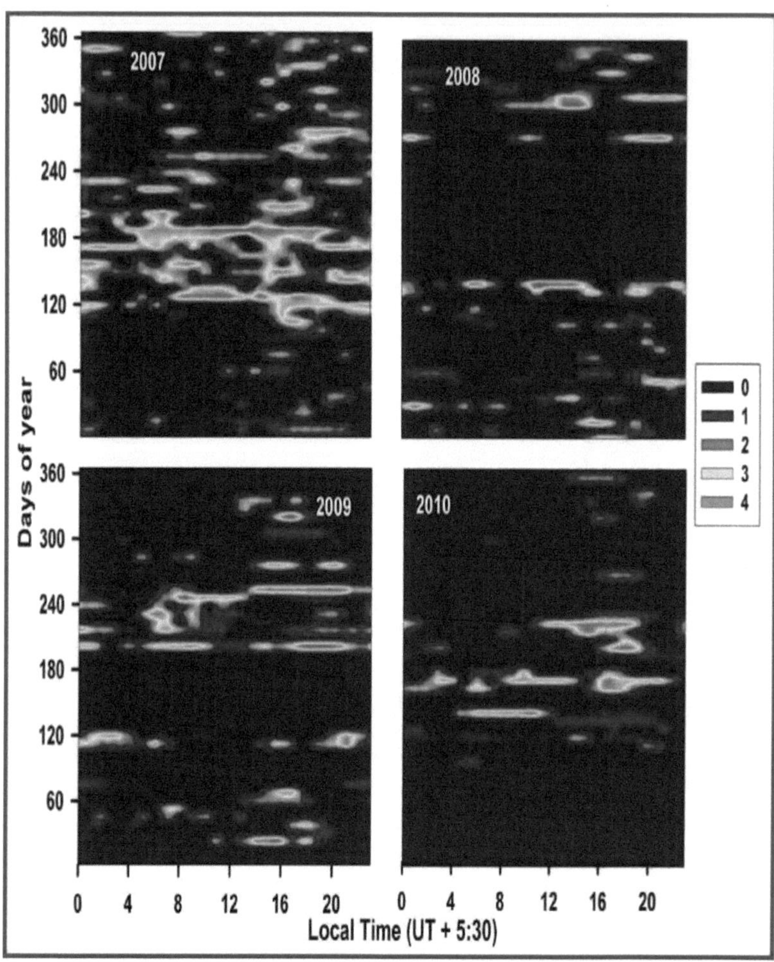

Figura 29: Ocorrência anual de esporádico - E sobre a região da crista da anomalia Bhopal

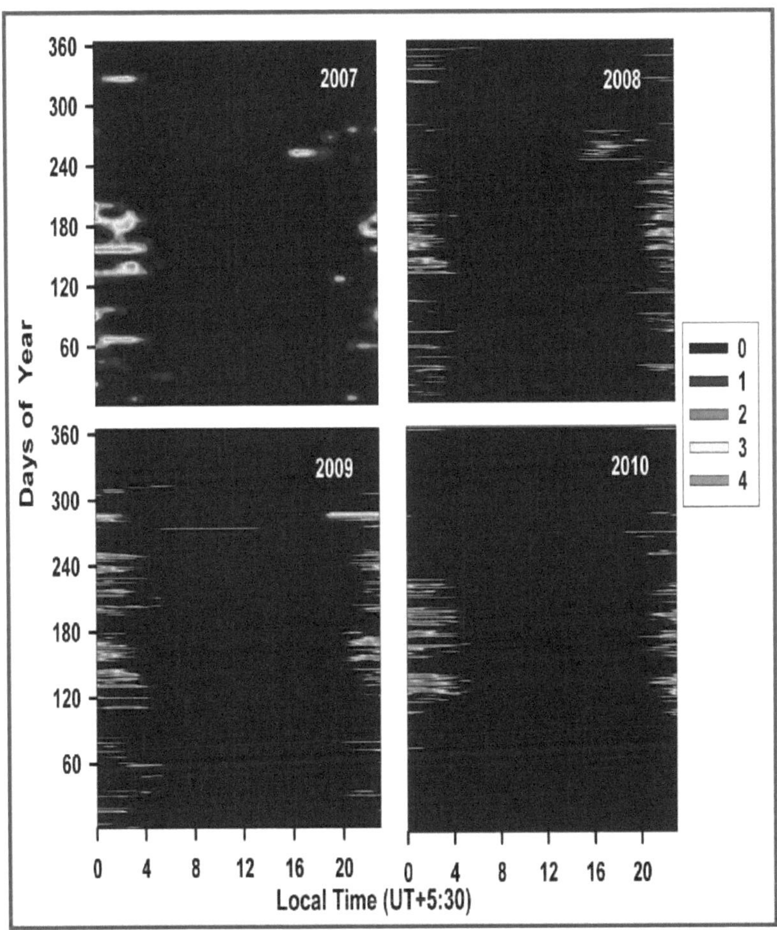

Figura 30: Ocorrência anual de Spread - F sobre a região da crista da anomalia Bhopal durante o fim do ciclo solar 23 e o período inicial do ciclo solar 24

4.5. Ocorrência sazonal

O presente estudo baseia-se nos dados horários da ionossonda digital na região da crista de anomalias de Bhopal, de janeiro de 2007 a dezembro de 2010. A média mensal é obtida através da análise da média mensal das estações, do verão (maio, junho, julho e agosto), do inverno (novembro, dezembro, janeiro e fevereiro) e dos equinócios (março, abril, setembro e outubro). A ocorrência de esporádicos - E e espalhados - F, expressa em percentagem do total de observações da camada Es e SF é estudada em pormenor para diferentes quantidades em intervalos horários, a figura 31 mostra a percentagem média de ocorrência da camada esporádica - E, durante os anos de 2007, 2008, 2009 e 2010. A figura mostra que a percentagem máxima de ocorrência de E esporádica observada no verão é mais elevada do que no inverno e nos equinócios (Haldoupis, C et al 2012, C. Jacobi, C et al 2013). Caracteriza-se por dois máximos, por volta das 07:00 - 08:00 horas locais da manhã e das 17:00 horas locais ao fim da tarde em todas as estações, mas a ocorrência mais pronunciada de Es é notada no mês de verão em comparação com o inverno e o equinócio. A ocorrência de Es é elevada durante as 0800 LT e 1700 LT (Abdu e Batista, 1977). A ocorrência de E esporádico também depende do ciclo solar, durante o ano de baixa atividade solar 2007, 2008 e 2009, Es observou o máximo e durante o período de atividade solar Es observou o mínimo. A Figura 31 mostra a variação sazonal de Es.

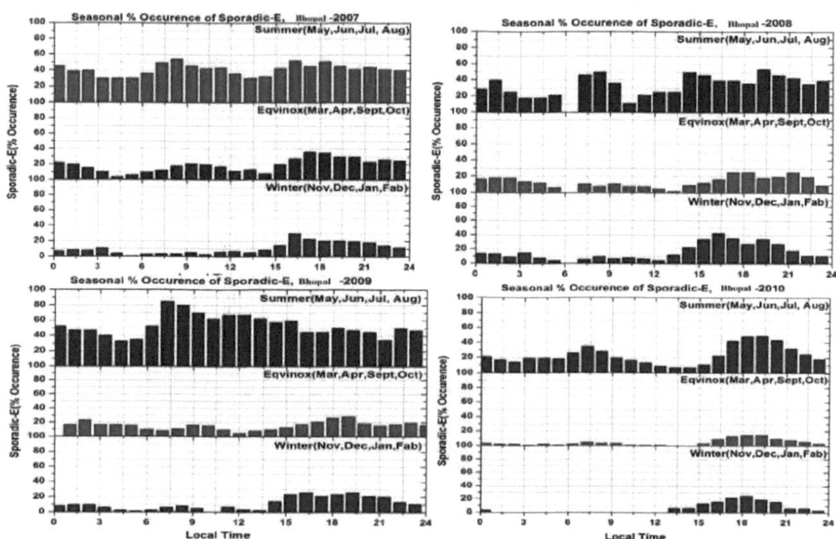

Figura 31: Variação sazonal de esporádicos - E em termos de percentagem de ocorrência

A percentagem sazonal de ocorrência de propagação - F também é observada de 2007 a 2010, que é mostrada na figura 32. As taxas de ocorrência são a percentagem mensal de ocorrência de spread -F observada em cada quarto de hora. Pode ver-se que a distribuição apresenta um ciclo solar bem definido e uma variação sazonal que, no entanto, estão interligados. Assim, em períodos de baixo número de manchas solares (2007, 2008), a taxa de ocorrência é maior durante o solstício do norte, enquanto que em períodos de alta mancha solar (2010), a maior durante os verões (Booker et al 1938 e Bowman et al 1992), a figura 32 mostra a variação sazonal de propagação - F, a ocorrência máxima de propagação - F observada na temporada de verão em todos os anos de estudo.

No equinócio, o máximo observado no período de baixa atividade solar de 2007, diminui gradualmente à medida que a atividade das manchas solares aumenta. Durante a estação do inverno, a ocorrência máxima de propagação - F é observada no período de baixa atividade solar de 2007 e é máxima em 2010. Muitos investigadores discutiram a variação sazonal da propagação - F para a latitude média e os nossos resultados estão de acordo com eles. Na latitude média, o vento natural geralmente atinge o máximo ou o mínimo no sector inverno -

verão e a inclinação positiva e negativa levará a ocorrência a atingir o pico nesses sectores (Chandra et al 1970, Dabas et al 2007, e Huang et al 2009). As variações sazonais na latitude equatorial e média são bastante diferentes. No sector equatorial, a taxa de ocorrência atinge o valor máximo nos equinócios, mas na latitude média, a taxa de ocorrência atinge o valor máximo no sector verão-inverno, o que depende de diferentes mecanismos de geração (Huang et al., 1987, Liu et al., 2006, Mathews et al., 2001 e Rama Rao et al., 2004).

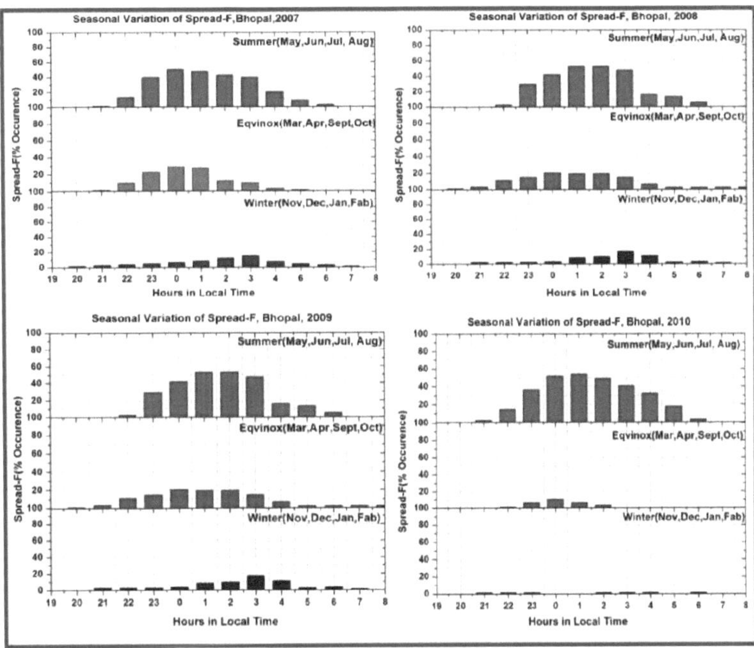

Figura 32: ocorrência percentual sazonal de propagação - F durante as diferentes estações na região da crista da anomalia.

4.6. Discussão e conclusões

As nuvens são pequenas, variando de 50-150 km de diâmetro. Podem ser circulares, longas ou finas, ou ter outras formas irregulares. Estas nuvens ocorrem de forma bastante aleatória e dissipam-se em poucas horas; por isso, são conhecidas como nuvens de ionização esporádico-E, ou simplesmente Es. O comportamento das Es está relacionado com o efeito combinado da orientação do campo magnético, do campo elétrico, dos ventos neutros, dos movimentos das ondas e da distribuição dos iões metálicos. O seu mecanismo de produção é bastante diferente nas latitudes médias, baixas e altas. O Es nas latitudes médias e baixas ocorre principalmente durante o dia e no início da noite, e é mais frequente durante os meses de verão. Nas altas latitudes, o Es tende a formar-se durante a noite. A E esporádica ou E_s é uma forma invulgar de radiopropagação que utiliza caraterísticas da ionosfera terrestre. Enquanto a maioria das formas de propagação de ondas no céu utiliza as propriedades de ionização normais e cíclicas da região F da ionosfera para refratar (ou "dobrar") os sinais de rádio de volta para a superfície da Terra, a propagação esporádica de E reflecte os sinais em pequenas "nuvens" de gás atmosférico invulgarmente ionizado na região E inferior (localizada a altitudes de aproximadamente 90 a 160 km). O presente estudo analisa a ocorrência mensal, anual e sazonal de propagação esporádica-E e propagação-F numa estação de anomalias da crista equatorial de Bhopal. De acordo com a nossa observação, a ocorrência máxima de Esporádico-E é observada entre os meses de maio e agosto, seguida de um pico secundário no mês de dezembro.

A ocorrência mensal de camadas esporádicas - E e a hora local durante um período de 24 horas do dia estão resumidas na figura para a ocorrência mensal. O painel superior mostra a ocorrência de camadas esporádicas - E para 2007 e 2008, o painel inferior mostra a ocorrência mensal de esporádicas - E em 2009 e 2010, durante o estudo, observamos que a ocorrência máxima de Es em 2007, dia e noite, entre abril e novembro, durante o ano de 2008 Es atividade foi muito menor em maio mês apenas devido ao número insignificante de manchas solares, é aumenta novamente em 2009 entre os meses de julho a setembro. No ano de 2010, período de atividade solar, a ocorrência de Es esporádica observada entre os meses de abril e julho, a ocorrência de Es não é muito elevada em comparação com outros anos devido à atividade solar.

A E esporádica (Es) é uma camada fina e irregular que se forma na ionosfera terrestre e é mais frequente entre as altitudes de 90 e 150 km (Anthes et al., 2008, Christakis et al., 2009). Pode dever-se ao facto de, no solstício de junho, haver radiações solares intensas, que resultam na formação de nuvens Es com forte ionização; esta ionização é altamente influenciada pelo fluxo de corrente para leste conhecido como electrojacto equatorial (EEJ) (Dunker et al., 2013, Haldoupis et al., 2011 e Liu et al., 2008). Na região da Índia, a ocorrência do contra-electrojacto é principalmente à tarde e sazonalmente máxima durante o solstício de junho.

A observação da ocorrência mensal de spread-F mostra que a ocorrência máxima é observada de maio a agosto de 2007, diminuindo em 2008 e 2009, e que a atividade de ocorrência volta a aumentar em 2010. O spread-F equatorial (ESF) é gerado principalmente pela instabilidade generalizada de Raleigh-Taylor (GRT) em conjunto com outros processos. A instabilidade forma irregularidades na camada F do lado inferior. A deriva E*B é o principal mecanismo para o desenvolvimento da ESF, aumentando diretamente a taxa de crescimento ou diminuindo indiretamente o efeito de colisão. Além disso, o vento neutro transequatorial pode desempenhar um papel importante na supressão da geração de ESF (Woodman et al., 2009, Xiao et al., 2001).

A ocorrência anual da camada Esporádica - E para o ano de 2007 a 2010, as actividades de ocorrência máxima observadas em 2007 entre as 24 horas dos anos. A atividade esporádica - E diminui gradualmente, bem como o aumento da atividade solar. A figura mostra claramente que a atividade máxima foi observada em 2007 e a mínima em 2010. Os anos de 2007 e 2008 foram muito tranquilos em termos de ciclo solar, pelo que, durante o período de baixa atividade solar, o processo de ionização da ionosfera foi muito baixo em comparação com o ano solar ativo de 2010.

A ocorrência anual de propagação - F depende da nuvem ser devido à dispersão de irregularidades na região Es, seguido pela reflexão regular da camada F -. A ocorrência de SF observada nas horas nocturnas e nas primeiras horas da manhã durante os anos de 2007 a 2010, a atividade de ocorrência de spread - F foi elevada em 2008 e 2009 devido à baixa atividade solar, por outras palavras, a dispersão pela camada F deve ser responsável pelo spread - F (booker e well, 1938). Estes autores invocaram um mecanismo que envolve a dispersão de Rayleigh por irregularidades ou nuvens na região F superior. Consideram que a distribuição diurna dos centros de dispersão é apenas aparente, atribuindo-a à formação de uma forte camada inferior ao amanhecer que afasta as irregularidades durante as horas do dia.

Como mencionado, a natureza da variação da E esporádica é melhor reflectida quando os estudos são feitos com uma grande base de dados cobrindo diferentes estações ou ciclos solares. Com este objetivo em vista, a variação média da E esporádica durante as três estações diferentes, nomeadamente o verão, o inverno e o equinócio, na região da crista da anomalia de Bhopal, é apresentada na figura. A variação média sazonal da E esporádica mostra um valor mais elevado durante as horas do dia no verão em todas as estações, enquanto que nas diferentes estações se observa um aumento da E esporádica e uma diminuição da E esporádica por volta das 1800 horas LT durante as diferentes estações.

A variação sazonal das foEs em Bhopal deve-se ao facto de a radiação solar poder ser um fator importante que controla a formação de Es. Nota-se claramente uma ocorrência percentual máxima de Es na estação do verão, com um pico equinócio secundário; a ocorrência percentual máxima de 80% é observada em 2009, em comparação com os restantes anos. Isto pode ser explicado pelo efeito da revolução da Terra, em que a Terra está virada para o Sol durante o máximo de tempo, recebendo assim mais radiações solares e afectando os movimentos dos ventos. Ogawa et al. (2002) compararam a ocorrência de ecos de radar com a variação dos parâmetros Es numa estação de latitude média e mostraram que a ocorrência de ecos de radar depende da força dos parâmetros Es e que a geração de FAI está intimamente relacionada com a localização de gradientes de densidade dentro de Es.

A observação da variação sazonal da Spread-F está dividida em três estações. Primeira época de verão (maio, junho, julho e agosto), segunda época de inverno (novembro, dezembro, janeiro e fevereiro) e terceira época de equinócio (março e abril e setembro e outubro). A percentagem de ocorrência sazonal dos diferentes meses da estação correspondente é avaliada a partir dos valores de percentagem de ocorrência de cada mês sazonal. A ocorrência do spread-F é mais observada na estação do verão em todos os 4 anos (~ 55%), nas estações do inverno a percentagem de ocorrência do spread-F diminui ligeiramente com o aumento da atividade solar, como se pode ver na figura, em 2007 foi observado 25%, diminui ligeiramente em 2008 e foi observado 20%, o SF foi estável em

2009 e foi observado 20%, mas é novamente diminui durante o ano de 2010, este decréscimo também observado em estações equinociais no ano de 2007, Spread - F foi observado 18%, 20% em 2008, esta ocorrência novamente diminuir no ano de 2009 e foi observado 18%, a ocorrência de Spread - F foi observado muito baixo em 2010, foi de 2%. A variação sazonal da ocorrência do spread-F está relacionada com a velocidade de deriva vertical E*B. Além disso, a maior velocidade de deriva ascendente nos meses de verão e equinócios favorece a geração de spread-F. As taxas de ocorrência de spread-F são quase independentes do SSN durante os meses de inverno (Wang et al., 2007). Mas em latitudes médias, a taxa de ocorrência de spread-F aumenta com o SSN durante os meses equinociais e de inverno e diminui um pouco com o SSN durante o verão, sendo a taxa de ocorrência de FSF independente do SSN em qualquer estação (Chandra et al., 1970). As baixas latitudes são também marcadas por uma elevada incidência de Spread-F durante a noite. O spread-F equatorial (ESF) está associado à elevação da região F- após o pôr do sol. As irregularidades da densidade do plasma que cobrem uma vasta gama de tamanhos de escala, desde centenas de km até uma fração de metro, estão associadas ao fenómeno ESF. As estruturas de densidade do plasma também dão origem a cintilações intensas de ondas de rádio que se propagam através da ionosfera. Durante os períodos magneticamente perturbados, a incidência de propagação equatorial F é geralmente inibida, embora alguns dos dias de tempestade magnética sejam marcados por intensa propagação F (Liu et al., 2006, 2008, Xiao et al., 2001 e Xu et al., 2008).

Utilizando os dados do ionograma de 15 minutos da ionossonda digital, sobre a região da crista da anomalia, Bhopal, de janeiro de 2007 a dezembro de 2010, os estudos baseiam-se na ocorrência mensal, anual e sazonal de esporádicos - E e propagação - F Esta área de investigação é ainda relativamente jovem e, por conseguinte, tem potenciais actualizações para numerosos domínios da ionosfera. O resultado aumentará a nossa compreensão e o nosso conhecimento, especialmente no que diz respeito ao esporádico - E e ao espalhamento - F. Foi efectuada uma análise estatística do esporádico E e do espalhamento - F. Os principais resultados estatísticos são os seguintes:

A probabilidade de ocorrência da camada Esporádica - E e Espalhada - F é mais elevada no solstício de verão, moderada durante o equinócio e baixa durante o solstício de inverno. Os picos de ocorrência notáveis aparecem de junho a julho no verão e de dezembro a janeiro no inverno. A ocorrência da camada mostrou uma variação de pico duplo com grupos de camadas distintos, de manhã (0200 LT) e o outro durante a noite (1800 LT). A descida da camada de manhã foi associada ao aumento da densidade da camada, indicando o fortalecimento da camada, enquanto diminuiu durante a descida da camada da noite. O resultado indica a presença de maré semi-diurna sobre o local, enquanto as velocidades de descida mais elevadas podem ser devidas à modulação da ionização por ondas de gravidade juntamente com as marés. As irregularidades associadas à instabilidade gradiente-deriva desaparecem durante o contra-electrojacto e o fluxo de corrente é invertido para oeste.

A percentagem de ocorrência desta camada é mais elevada no verão, moderada durante o equinócio e baixa durante o inverno. Os picos de ocorrência notáveis aparecem de maio a junho no verão. A ocorrência máxima de spread-F surge antes da meia-noite, entre as 17 e as 22 horas LT. O tipo de frequência da propagação-F nos ionogramas equatoriais foi explicado como sendo devido à condução por irregularidades de ionização alinhadas com o campo espesso. A variabilidade durante as horas nocturnas é também contribuída pela variabilidade dos ventos neutros da termosfera e da temperatura.

- Abdu M. A., Alam K., Bastista I. S., de Paula E. R., Fritts D. C. e Sobral J. H. A., (2009). "Iniciação de ondas gravitacionais de irregularidades equatoriais de bolhas de plasma F/espalhamento com base em dados de observação da campanha spreadFEx". Ann Geophys, 27: 2607-2622.
- Abdu M. A., Sobral J. H. e Batista I. S., (2000). "Espalhamento equatorial F estatístico nas longitudes americanas: alguns problemas relevantes para a descrição do ESF no esquema IRI". Adv Space Res 2000, 25: 113-124.
- Booker H. G. e Well H. W., (1938). "Scattering of radio waves by the F region ionosphere" Terr Mag Atom Electn, 43: 249-256.
- Bowman G. G., (1964). "Spread F in the ionosphere and the neutral particle density of the upper atmosphere" Nature, 201: 564-566.
- Bowman G. G., (1992). "Variações da densidade de partículas neutras na atmosfera superior em comparação com as taxas de ocorrência de spead-F em locais de todo o mundo". Ann Geophys, 10: 676-682.
- Chandra H. e Rastogi R. G., (1970) "Solar cycle and seasonal variation of Spread-F near the magnetic equator" J. Atmorph. Tm. Phys. 32,439-443.
- Dabas R. S., Das R. M., Sharma K., Garg S. C., Devasia C. V., Subbarao K. S. V., Niranjan K. e Rama Rao P. V. S., (2007). "Caraterísticas das irregularidades equatoriais e de baixa latitude do spread-F na região da Índia e suas possibilidades de previsão". J Atmos Solar-Terr Phys, 69: 685-696.
- Huang W., Xiao S., Xiao Z., Zhang D. e Hao Y., (2009). "Estudo comparativo das previsões e observações da ocorrência do IRI- 2007 spread F" Chin J Space Sci, 29 (3), 275-280.
- Huang Y. N., Cheng K. e Huang W. T., (1987). "Variações sazonais e do ciclo solar da propagação F na zona da crista da anomalia equatorial" J Geomag Geoelectr, 39: 639-657.
- Liu L. B., Wan W. X., Ning B. Q., et al., (2006). "Solar activity variations of the ionospheric peak electron density " J Geophy Res, 111, A08304, doi:10.1029/2006JA011598.
- Mathews J. D., Gonzalez S., Sulzer M. P., Zhou Q. H., Urbina J., Kudeki E. e Franke S., (2001). "Kilometer-scale layered structures inside spread-F" Geophys Res Lett, 28: 41674170.
- Rama Rao P. V. S., Prasad D. S. V. V. D., Niranjan K., Uma G., Gopi Krishna S. e Vankateswarlu K., (2004). "Estudos de estações múltiplas sobre cintilações de spread-F e VHF no sector indiano". Terr Atmos Ocean Sci, 15: 667-681.
- Woodman R. F., (2009). "Spread-F-um velho problema de aeronomia equatorial finalmente resolvido" Ann Geophys, 27: 1915-1934.
- Xiao Z. e Zhang T. H., (2001). "Uma análise teórica das caraterísticas globais do spread-F" Chinese Sci Bull, 46: 1593-1595.
- Xu T., Wu Z. S., Wu J. e Wu J., (2008). "Variação do ciclo solar da mediana mensal de foF2 na estação de Chongqing", China. Adv Space Res, 42: 213-218.
- Kachneria Varsha (2011) "Spread _F and its venations over the equatorial anomaly

crest region Bhopal-2010" Relatório do projeto.

- Siddiqui Hafsa (2011) "A ocorrência de -E esporádico sobre a região da crista da anomalia equatorial Bhopal - 2010" Relatório do projeto.
- Anthes, R. A., Bernhardt, P. A., Chen, Y., Cucurull, L., Dymond, K., F., Ector, D., Healy,
S .B., Ho, S.-P., Hunt, D. C., Kuo, Y.-H., Liu,H., Manning, K., McCormick, C., Meehan,
T .K., Randel, W. J.,Rocken, C., Schreiner, W. S., Sokolovskiy, S. V., Syndergaard, S., Thompson, D. C., Trenberth, K. E., Wee, T.-K., Yen, N. L., e Zeng, Z.: "The COSMIC/FORMOSAT-3 Mission: Early Results", B. Am. Meteorol. Soc., 83, 313-333, doi:10.1175/BAMS-89-3-313, 2008.
- Christakis, N., Haldoupis, C., Zhou, Q., e Meek, C. "Seasonal variability and descent of mid-latitude sporadic E layers at Arecibo", Ann. Geophys, 27, 923-931, doi:10.5194/angeo-27-923-2009, 2009.
- Dunker, T., Hoppe, U.-P., Stober, G., and Rapp, M. "Development of the mesospheric Na layer at 69_ N during the Geminids meteor shower 2010", Ann. Geophys., 31, 61-73, 2013, http://www.ann-geophys.net/31/61/2013/.
- Haldoupis, C. "A tutorial review on sporadic E layers, in Aeronomy of the Earth's Atmosphere and Ionosphere". IAGA Special Sopron Book Series 2, 381-394, doi:10.1007/978-94-007-0326-1-29, 2011.
- Haldoupis, C.: Midlatitude sporadic E. "A typical paradigm of atmosphere-ionosphere coupling" Space Sci. Rev., 168, 441-461, doi:10.1007/s11214-011-9786-8, 2012.
- Haldoupis, C., Meek, C., Christakis, N., Pancheva, D., e Bourdillon, A. "Ionogram height-time-intensity observations of decending sporadic E layers at mid-latitudes", J. Atmos. Solar Terr.Phys., 68, 539-557, doi:10.1016/j.jastp.2005.03.020, 2006.
- Haldoupis, C., Pancheva, D., Singer, W., Meek, C., e Mac-Dougall, J. "An explanation for the seasonal dependence of midlatitude sporadic E layers", J. Geophys. Res., 112, A06315, doi:10.1029/2007JA012322, 2008.
- C. Jacobi, C. Arras, and J. Wickert "Enhanced sporadic E occurrence rates during the Geminid meteor showers 2006-2010" Adv. Radio Sci., 11, 313-318, 2013, doi:10.5194/ars-11-313-2013
- Liu, H., e S. Watanabe (2008), "Seasonal variation of the longitudinal structure of the equatorial ionosphere: Does it reflect tidal influences from below", J. Geophys. Res., 113, A08315, doi:10.1029/2008JA013027
- Whitehead, J.D., "Recent work on mid-latitude and equatorial sporadic-E", Journal of Atmospheric and Terrestrial Physics, 51, 401-424, 1989.
- Wang G. J., Shi J. K., Wang X. e Shang S. P., (2008). "Variação sazonal da propagação-F observada em Hainan". Adv Space Res, 41: 639-644.
- Purushottam Bhawre "Study of the Space weather impact on Polar (Antarctica) ionosphere and its coupling with the low latitudinal ionosphere" Tese de doutoramento, 2013, Universidade Barkatullah, Bhopal.

Fontes Web:

Manual KEL IPS -71 Digital Ionosonde Por Phil Wilkinson
O tempo espacial de hoje pode ser consultado em: http://www.sel.noaa.gov/today.html
O sítio Web da National Oceanic and Atmospheric Administration: http://www.sel .noaa.gov/
NASA Recursos meteorológicos espaciais
http://spdf.gsfc.nasa.gov/space_weather/Space_Weather_at_SSDOO.html
Sítio do Space Science Institute/ NASA e NSF http://www. spacescience.org/ SW OP http://spacescience.spaceref.com/ssl/pad/solar/interior.htmlhttp://hesperia.gsfc.nasa.gov/sftheory/flare.html

Printed by Books on Demand GmbH, Norderstedt / Germany